二〇世紀 乳加工技術史

林 弘通

序　　文

　日本人は明治維新以前の数百年間,仏教思想の影響をうけ牛乳,乳製品を摂る習慣がなかった.明治に入り乳牛を飼い搾乳業を営む者が現れたが,戸ごとに量り売りをして牛乳を売り歩くものであった.その後も,その規模は小さく家内工業的な状態が続いた.

　19世紀後半,乳製品の近代産業的な意味での生産は練乳から始まったと言えよう.日本における乳製品製造は,練乳→粉乳→バター→チーズという順序で歩んできた.西欧ではチーズ→バターから始まって練乳,粉乳へと続き,わが国の発展順序と全く違っている.これは,世界的に練乳の製造技術が難しいために開発が遅れたものと考えられる.日本で乳製品が利用され始めたのは明治30年代(20世紀初頭)に入ってからであり,欧米諸国よりかなり後れたために,逆に練乳製造技術が最初に導入されたものと思われる.

　チーズは牛乳の自然発酵の中から原形が生まれたものであろうし,バターは牛乳の運搬中にチャーニング現象が発見されたものといえる.そして,チーズ,バターは人類の生活の知恵として紀元前より造られてきた乳製品である.これには何世紀にも及ぶ長い手造りの時代があり,ようやく20世紀に入り工場で造られるようになった.しかも大量生産が始まってから,せいぜい50年ほどの歴史しかない.一方,練乳は牛乳の水分を1/2に減らして砂糖を加えた加工乳製品であり,また粉乳は牛乳の水分を約1/9にして保存性を増したものである.しかし,品質の良い練乳,粉乳を効率良く造るには相当高度の技術が必要である.これが1857年,アメリカのゲール・ボーデン(Gail Borden)によって発明された牛乳の真空濃縮技術であり,1901年のロベルト・スタウフ(Robert Stauff)による噴霧乾燥機である.これらの技術により,牛乳を50℃以下の低温で濃縮できるようになり,また20～30秒という短時間で牛乳を乾燥できるようになった.現代のバター,チーズの加工技術は,すでにある原理を用い,いかに品質を維持しながら大量生産するかが課題であったのに対し,練乳,粉乳の場合は,新技術が開発されて初めて製品化が

なされたという違いがある．このようにそれぞれ技術の発達の過程は異なるが，20世紀後半において乳加工の大量生産技術が確立されたと言えよう．

　日本の乳業工場数は飲用乳，乳製品の工場を合わせて803（飲用乳向け706，乳製品向け97）（1995年）もあり，日量2t以下の小規模工場が44％を占める．1工場当たりの年間牛乳処理量は，日本10,000t以下，ドイツ73,000t，オランダ479,000tとその格差は大きい．また，乳加工の生産性が低いばかりでなく，乳価が世界の国々に比べて2～3倍も高いという問題もある．また，2001年より関税率が引き下げられることもあり，安い乳製品がかなり輸入されることになろう．このように日本の乳業が直面する課題には色々難しいものがある．しかし，21世紀にはこれらの諸問題を一つ一つ解決していかなければならないと考える．

　20世紀には科学技術の大きな発展があり，これによって産業システムが大きく変革された．乳加工技術も手作業から機械化，自動化へと進み，大量生産や少量多品目を生産するシステムの構築が可能になった．現在用いられている乳加工技術は，どのようにして生まれ，どのように役立って今日に至っているのか？　この100年間の乳加工技術の流れを動的にとらえ，その進歩の過程の光と影の部分を明らかにしたい．歴史は過去と現在の対話である．技術史もその中に含まれる色々な科学的，技術的事例が，将来の技術発展への手掛かりとなるであろう．

　一般に乳食文化に関する歴史的著述は数多くあるが，乳加工技術に関するものはあまり見られない．著者は乳業会社に研究者，技術者として40年，大学で教師として10年勤務し，乳加工の研究，技術の開発と教育に従事してきた．この50年間，乳業技術の発展を身をもって体験してきたので，その実体験を基に乳加工技術の歴史と発展について述べ，若い世代の人々に技術を伝承したいとの願いから本書をまとめた．

　本書をまとめるにあたり，次の3点について考慮を払った．

1）　単位の換算

　日本の乳業では，初め欧米より技術導入がなされたので，1959年（昭和34年）まで尺貫法，ヤードポンド法（yd, lb）などの単位が入り混じって使用されていた．例えば，アイスクリーム製造では原料乳量は石（こく），斗，

升，ミックス量は貫（かん），砂糖は斤（きん），匁（もんめ）で，出来上がったアイスクリームの量はガロン，クオートなどで表していた．一方，圧力はlb/in^2，長さはft，inch，温度は華氏（°F）というように，乳加工の製造現場では日本の旧い単位と英米の単位が混用されていた．1959年より1989年までCGS単位系が使われ，容量はml，l，kl，重量はg，kg，ton，圧力はkg/cm^2，温度は℃になった．1989年からはSI単位系が使われている．例えば，圧力はkg/cm^{2}からPa，kPa，MPaに，熱量はkcal/kgからkJ/kgに変わっている．このように変化しているので，古い時代の統計（牛乳，乳製品生産量など）の容量，重量などの単位は現在の表記のSI単位やCGS単位などに換算する必要があり，かなり煩雑な仕事であった．

2) 外国名の発音

外国の人名，会社名を日本語の発音に直すときに，間違った表記にする場合がある．例えば，乳脂肪率の迅速簡易測定法を発明したアメリカ・ウィスコンシン大学の有名なBabcock教授は日本ではバブコックと呼ばれてきているが，正確な発音ではベーブコックである．本書では原則として原語と日本語での表記を併記したが，著者の能力不足で間違った発音にしている場合もあると思われるので，その際はご容赦願いたい．

3) 正確な年代の検証

乳加工技術の発展を記述するには正確な時代検証が必要であるが，参考文献により違いがあり必ずしも一致しない．特に古い時代になると技術の発明と実用化の年が1，2年，ひどいときには10年位も違う場合がある．その真実を確かめるために，色々な文献を調べる作業を行った．また第二次世界大戦後，日本では多くの乳業機械を輸入したが，その導入時期が記録として明確に残されていない．本書は膨大な資料の中から史実に基づいてまとめたつもりである．しかし，上記のような理由で，年代などの誤りや遺漏があるものと思われるので，遠慮なくご指摘，ご批判を頂ければありがたい．

最後に本書の出版にあたり，温かいご理解とご高配をいただいた幸書房・夏野雅博出版部長に深く感謝申し上げます．

2001年（平成13年）10月

林　弘通

目　　次

1. 日本の酪農と乳業の発展 …………………………………… 1

   1.1 序　　論 ………………………………………………… 1
   1.2 日本の酪農と乳業 ……………………………………… 3
      1.2.1 日本の酪農と乳業の変遷 ………………………… 3
         1) 酪農と乳業の勃興期 …………………………… 4
         2) 戦後の酪農振興と乳業の発展期 ……………… 4
         3) 酪農と乳業の成熟期 …………………………… 5
         4) 酪農と乳業の停滞期 …………………………… 5
      1.2.2 1頭当たりの泌乳量の変化 ……………………… 5

2. 牛乳利用の歴史 ……………………………………………… 7

   2.1 日本の牛乳利用の歴史 ………………………………… 7
   2.2 外国の牛乳利用の歴史 ………………………………… 8

3. 牛乳，乳製品の生産と消費の変遷 ………………………… 15

   3.1 日本の乳製品の消費の推移 …………………………… 15
   3.2 牛乳，乳製品の値段の推移 …………………………… 15
   3.3 世界の乳生産量 ………………………………………… 17
   3.4 原料乳の生産量および飲用乳と乳製品向けの内訳（日本）……… 19
   3.5 飲用牛乳の生産と消費の変遷 ………………………… 20
      3.5.1 日本の場合 ………………………………………… 20
      3.5.2 世界の場合 ………………………………………… 21

3.6　バターの生産と消費の変遷 ……………………………………… 24
3.7　チーズの生産と消費の変遷 ……………………………………… 27
　3.7.1　日本の場合 ……………………………………………………… 27
　3.7.2　世界の場合 ……………………………………………………… 30
3.8　練乳の生産と消費の変遷 ………………………………………… 30
　3.8.1　加糖練乳（日本） ……………………………………………… 30
　3.8.2　その他の練乳（日本） ………………………………………… 33
　3.8.3　世界の練乳 ……………………………………………………… 34
3.9　粉乳の生産と消費の変遷 ………………………………………… 34
　3.9.1　全脂粉乳（日本） ……………………………………………… 34
　3.9.2　脱脂粉乳（日本） ……………………………………………… 35
　3.9.3　調製粉乳（日本） ……………………………………………… 37
　3.9.4　世界の粉乳 ……………………………………………………… 37
3.10　ホエー粉, カゼインの生産 ……………………………………… 38
　3.10.1　ホ エ ー 粉 ……………………………………………………… 38
　3.10.2　カ ゼ イ ン ……………………………………………………… 39
3.11　アイスクリームの生産と消費の変遷 …………………………… 40
　3.11.1　日本の場合 …………………………………………………… 40
　3.11.2　世界の場合 …………………………………………………… 40

4. 単位操作としての乳加工技術の発展 ……………………………… 43

4.1　乳加工技術の発展 ………………………………………………… 44
　4.1.1　乳加工における貢献度の高い技術 …………………………… 45
　4.1.2　わが国の飲用乳, 乳製品工場数の変遷 ……………………… 46
　　1）飲 用 乳 工 場 …………………………………………………… 46
　　2）練 乳 工 場 ……………………………………………………… 48
　　3）粉 乳 工 場 ……………………………………………………… 48
　　4）バ タ ー 工 場 …………………………………………………… 48
　　5）ク リ ー ム 工 場 ………………………………………………… 49

6)	チーズ工場 ……………………………………………	49
7)	アイスクリーム工場 …………………………………	49
4.1.3	牛乳,乳製品工場の生産性 …………………………	49
1)	飲用乳工場 ……………………………………………	49
2)	乳製品工場 ……………………………………………	50
4.1.4	アメリカの乳製品工場の生産性の推移 ……………	52
1)	乳業工場数の変化 ……………………………………	52
2)	乳業工場の規模の違いによる工場数割合の推移 ……	54
4.2 乳加工機械の推移 …………………………………………		55
4.3 殺菌 (Pasteurization) 技術 ……………………………………		58
4.3.1 殺菌の定義 ……………………………………………		58
4.3.2 殺菌技術の変遷 ………………………………………		59
4.4 均質化 (Homogenization), 乳化 (Emulsification) 技術 ………		67
4.5 冷却 (Cooling), 冷凍 (Refrigeration) 技術 …………………		70
4.6 分離 (Separation) 技術 ………………………………………		75
4.6.1 遠心分離 (Centrifugal Separation) 技術 ……………		75
1) 手作業による分離 (Manual Work Separation) ……………		76
2) 機械的遠心分離法 (Mechanical Centrifugal Separation) …		78
4.6.2 膜分離 (Membrane Separation) 技術 ………………		84
1) UF ………………………………………………………		87
2) RO ………………………………………………………		91
3) ED ………………………………………………………		92
4) MF (Microfiltration, 精密沪過) ………………………		94
4.7 濃縮 (Concentration) 技術 ……………………………………		95
4.8 乾燥 (Drying) 技術 ……………………………………………		103
4.8.1 円筒式乾燥機 (Drum Dryer) ………………………		103
4.8.2 噴霧乾燥機 (Spray Dryer) …………………………		105
1) メーレル・スール (Merrell-Soule) …………………		107
2) クラウゼ (Krause) ……………………………………		107
3) グレイ・イエンセン (Grey Jensen) …………………		109

4) ケストナー（Kestner） ……………………………………… 109
4.9 乳業工場の自動制御（Automatic Control of Dairy Plant） …… 116
　4.9.1 センサーによる工程の自動化 ………………………………… 118
　4.9.2 シーケンス制御（Sequence Control） ……………………… 119
　4.9.3 自動化のために必要な条件 …………………………………… 120
　　1) 危険な誤作動の防止 ………………………………………… 120
　　2) 品質の一定化 ………………………………………………… 120
　　3) 製品の信頼性 ………………………………………………… 120
　　4) 経済的条件 …………………………………………………… 120
　　5) 安全性の向上 ………………………………………………… 120
4.10 牛乳容器（Milk Container） …………………………………… 121
　4.10.1 牛乳容器の変遷 ……………………………………………… 121
　4.10.2 無菌充填包装（Packaging of Aseptic Filling） ………… 123
4.11 乳加工装置の材料 ………………………………………………… 125
4.12 バブコック試験 …………………………………………………… 127

5. 飲用乳，乳製品製造技術の発展 …………………………………… 131

5.1 飲用牛乳の製造技術 ……………………………………………… 131
　5.1.1 原料乳の品質 …………………………………………………… 134
　5.1.2 飲用乳加工技術 ………………………………………………… 138
　　1) 貯 乳 技 術 …………………………………………………… 138
　　2) 沪過, 清浄化技術 …………………………………………… 138
　　3) 冷 却 技 術 …………………………………………………… 139
　　4) 殺 菌 技 術 …………………………………………………… 139
　　5) 無 菌 充 填 …………………………………………………… 140
　5.1.3 固定化酵素による乳糖の分解 ………………………………… 141
5.2 バター製造技術 …………………………………………………… 142
　5.2.1 バターの歴史 …………………………………………………… 142
　5.2.2 バター製造装置の歴史 ………………………………………… 144

1) 手動回分式 ……………………………………………… 145
　　　2) 機械回分式 ……………………………………………… 145
　　　3) 連続式バター製造機 …………………………………… 149
5.3　チーズ製造技術 ………………………………………………… 153
　5.3.1　チーズ製造の歴史 ………………………………………… 154
　　　1) ナチュラルチーズ ……………………………………… 154
　　　2) プロセスチーズ ………………………………………… 155
　5.3.2　日本のチーズ製造の歴史 ………………………………… 156
　　　1) 製造工程の変遷 ………………………………………… 156
　5.3.3　現在のチーズ製造技術 …………………………………… 159
　　　1) チーズ製造技術 ………………………………………… 159
　　　2) 凝乳酵素の開発 ………………………………………… 159
　5.3.4　代表的なチーズの種類 …………………………………… 160
　　　1) ゴーダチーズ …………………………………………… 163
　　　2) チェダーチーズ ………………………………………… 165
　　　3) エメンタールチーズ …………………………………… 165
　　　4) カマンベールチーズ …………………………………… 165
5.4　アイスクリームの製造技術 …………………………………… 166
　5.4.1　アイスクリームの歴史 …………………………………… 166
　5.4.2　アイスクリームフリーザーと製造工程の発展 ………… 169
5.5　練乳製造技術 …………………………………………………… 176
　5.5.1　世界における練乳発達史 ………………………………… 176
　5.5.2　わが国における練乳発達史 ……………………………… 178
　　　1) 北海道開拓使勧業試験所 ……………………………… 178
　　　2) 練乳事業の発展 ………………………………………… 178
5.6　粉乳製造技術 …………………………………………………… 182
　5.6.1　粉乳製造の歴史 …………………………………………… 182
　5.6.2　育児用粉乳 ………………………………………………… 184
　5.6.3　ホエー粉 …………………………………………………… 186
　5.6.4　インスタント粉乳（Instant Milk Powder，易溶化粉乳）…… 188

5.7　ヨーグルトの製造技術 …………………………………… 190
   5.8　カゼインの製造技術 ……………………………………… 193

6. 乳業の将来とまとめ ………………………………………… 197

   6.1　酪 農 問 題 ………………………………………………… 197
   6.2　乳業工場の生産性 ………………………………………… 198
   6.3　製品の安全性と保証システム …………………………… 200
   6.4　新製品開発 ………………………………………………… 201
   6.5　乳加工技術 ………………………………………………… 202
   6.6　お わ り に ………………………………………………… 202

あ と が き ………………………………………………………… 205
事 項 索 引 ………………………………………………………… 207
人 名 索 引 ………………………………………………………… 214

二〇世紀 乳加工技術史

1. 日本の酪農と乳業の発展

1.1 序　　論

　日本の酪農と乳業は第二次世界大戦後急激な進展を見せた．それに伴い牛乳，乳製品の加工技術も長足の進歩を遂げた．現在，日本の乳業は803の事業所，従業員4.4万人，製品出荷額2.3兆円（1998年統計）の規模で，食品工業出荷額35兆円の6.6%を示し，酒精飲料，パン・菓子，水産加工に次ぎ第4位を占める大きな産業となっている[1]．世界的にみても，牛乳，乳製品は基本的食品であり，長い伝統を有する食文化を形成している．

　日本の乳加工は1870年（明治3年）頃より始まったとされている．はじめ牛乳の殺菌，瓶詰め，封瓶のすべてを手作業で行い，各家庭に配達されたという．1877年（明治10年）より1927年（昭和2年）までの50年間に練乳，粉乳，アイスクリーム，バター，チーズの順で造られた．欧米諸国はこの順序と逆でチーズから始まりバター，アイスクリームと造られ，練乳，粉乳は最後に造られた乳製品である．パンと牛乳を基本食とする乳食文化を形成した欧米の人々は生活の知恵として，何千年も前から牛乳の保存方法を考えてきた．これがチーズであり，バターである．一方，日本では味噌，醤油を調味料として，野菜，魚を副食とした米食文化が形成されてきた．1894年（明治27年）に入り欧米よりはじめて練乳が輸入され，育児用として利用されるに至り，日本でも練乳製造の必要性が認識されたのである．つまり，練乳が加工乳の始めである．しかし，戦前はまだ牛乳処理量が少なく，また日本人の意識は医薬品的な考え方で，風邪などをひいた時に飲むというような風潮のため一般にはあまり消費されていなかった．第二次世界大戦後（1945年），米軍の占領下にあった時代，日本人はアメリカ人が牛乳，バター，アイスクリームなどの乳製品を食生活の中で多く摂取しているために身体的に立派であることを実感した．つまり牛乳，乳製品に含まれるたん白質，脂質

の摂取量が日本人の食生活において決定的に少ないということが認識されたのである．

戦後，日本人は基礎食としての米食から次第に牛乳，乳製品，肉製品などを混ぜた混合食，つまり和風と洋風との混合スタイルに変化させてきた．この傾向は戦後 55 年を経た現在でも続いている．今日まで，米の摂取量は毎年減少し戦前の 1/2 位になり，牛乳，乳製品の摂取量は約 30 倍に増加した．最近，その摂取量は頭打ちに近い状態になってきているが，依然としてチーズ，ヨーグルトはかなりの割合で増加している．このように，日本は第二次大戦後，世界の中でも最も乳業の発展した国の一つと考えられる．

このような背景から，牛乳，乳製品の生産量が伸び，乳加工技術は回分式 (batch system) の手作業から連続式 (continuous system) へと機械化が進み，さらに自動制御システム (automatic control system) が確立され，生産量は飛躍的に増えた．例えば粉乳製造工程を考えると，1949 年 (昭和 24 年) 当時，製造能力は 500kg-原料乳/h 程度であったが，1990 年代には 40,000 kg-原料乳/h になり，約 80 倍に上昇している．

20 世紀，100 年というスパンで乳加工技術をとらえると，その基本技術はほとんど変化していないが，製品の品質や生産性，サニタリー性，エネルギー消費，包装，流通などの問題で驚くべき進歩の跡が見られる．このような技術の進歩は，どのような過程を経て実現できたのであろうか．その技術の歴史を探ることは極めて重要なことである．20 世紀初頭，乳加工技術は欧米の模倣とキャッチアップから始まり，現在では諸外国と比べても遜色がないほど技術のレベルアップがなされている．この技術の足跡を体系的にとらえ，若い世代に伝承していくことが大切であろう．著名な歴史家である E. H. カー[2]は "What is History" の中で「歴史は現在と過去との対話であり，過去をみる眼が新しくならない限り現在の新しさを理解できない」と言っている．そういう意味を踏まえて，20 世紀を中心として乳加工技術の進歩を以下に述べることにする．

1.2 日本の酪農と乳業

1.2.1 日本の酪農と乳業の変遷[3)-6)]

日本における牛乳生産量が初めて統計上現れたのは1897年（明治30年）で，16,490t（91,580石）となっている．同時に4,323t（24,017石）の乳製品（主として練乳）が輸入され，消費は20,694t（114,969石）となっている[2)]．これを全人口で割ると1年に540gとなり，ほとんど飲んでいないことになる．1901年（明治34年）より今日まで，牛乳生産量は驚異的に伸び，同時に乳加工技術も非常な進歩を見せた．その進歩の過程でまず日本の酪農と乳業がどのように変遷したかを知る必要がある．

表1.1 酪農家，生乳生産量の変遷（1901～1998年）[3)-6)]

年度	酪農家戸数（戸）	乳用牛数	（搾乳頭数）	生乳生産量（t）	1頭当たりの乳量（kg）	搾乳牛1頭当たりの乳量（kg）*
1901	不明	25,534		18,290	716	
1905	不明	37,238		29,303	780	
1910	5,121	52,385		46,001	878	
1915	5,400	53,566		53,852	1,005	
1920	4,966	120,122		63,449	528	
1925	17,221	122,617		126,400	1,031	
1930	19,321	148,835		162,391	1,092	
1935	30,366	166,565		265,922	1,597	
1940	40,448	184,079		368,514	2,002	
1945	36,368	239,391		180,000	752	
1950	133,024	203,825		352,626	1,730	
1955	253,850	421,110		959,975	2,280	
1960	410,420	823,500		1,886,997	2,291	
1965	381,600	1,288,950		3,220,547	2,499	
1970	308,600	1,804,100	(885,000)	4,761,469	2,639	(5,380)
1975	160,100	1,787,000		4,961,017	2,776	
1980	100,032	1,829,343	(1,066,000)	6,504,457	3,556	(5,451)
1985	82,400	2,111,000		7,456,940	3,532	
1990	63,300	2,058,000	(1,034,000)	8,189,348	3,979	(6,059)
1996	39,400	1,927,000	(1,035,000)	8,538,000	4,431	(6,850)
1997	37,400	1,899,000		8,645,455	4,552	(7,134)
1998	35,100	1,860,000		8,572,421	4,609	(7,130)

* 文献により数値が異なり，おおよその値である．

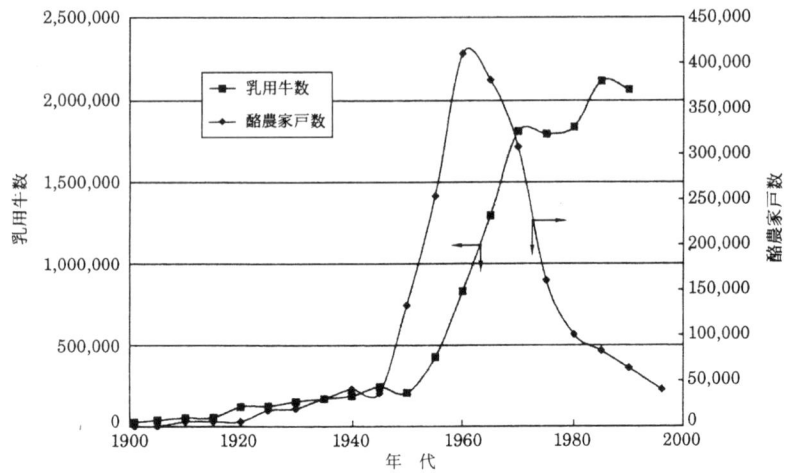

図1.1 日本における酪農家戸数,乳用牛数の変遷(1901～1997年)[2]-[4]

そこで酪農家戸数(number of dairy farmer,以下NDFと略)と乳牛頭数(number of cow,以下NCと略),生乳生産量(production of raw milk,以下PRMと略)との関係を表1.1,図1.1に示した.この図と表から日本の酪農と乳業の変遷を次のように分類できる.

1) 酪農と乳業の勃興期(1901～1944年,第二次世界大戦前)

1910年頃ホルスタイン種を主体にした乳牛が定着した.NDFは5,100戸,NCは52,000頭,PRMは46,000tであった.1940年にそれぞれ4万戸,18万頭,37万tと増加している.その増加比率がNDFは約8倍,NCとPRMは約4倍となっている.この時代は専業酪農家が主体で,1戸当たりの乳牛頭数は約10頭であった.

2) 戦後の酪農振興と乳業の発展期(1945～1965年)

この間にNDFは約10倍の約38万戸(1960年に最大41万戸),NCは130万頭,PRMは約18倍の320万tとなり,戦後の酪農と乳業が猛烈な勢いで発展したことが分かる.これは,政府の有畜農家に対する行政融資措置を含めた酪農振興法によるためと考えられる.その結果NDF当たりのNCは1952年の1.5頭という最低値を示し,小規模の酪農家が増加した.

3) 酪農と乳業の成熟期（1966～1980年）

この間に NDF は日本経済の高成長に反比例して約 20 万戸が廃業し，約 1/3 の 10 万戸に，NC は微増して約 180 万頭に，PRM のみ約 2 倍の 650 万 t になった．このことは，酪農家 1 戸当たりの乳牛頭数が約 3 倍になり，乳牛 1 頭当たりの泌乳量が約 2 倍になったことを示している．

4) 酪農と乳業の停滞期（1981～2000年）

この間に NDF は約 1/3 とさらに減少し，1998 年度に 35,100 戸となった．この戸数は 1936 年または 1945 年の戸数に相当する（1965 年度の約 1/10 になった）．1996 年に 3 万戸台に入っても下げどまらず，毎年 2,000 戸ほどの酪農家が離農していることが分かる．高齢化の問題，後継者不足，環境と絡んだ都市周辺の酪農の困難性，地価の高騰，乳価の低迷など酪農業をとりまく状況は極めて厳しいものがある．しかし，飼育規模（1998 年 1 戸当たり飼育頭数，全国平均 52.5 頭，北海道平均 82 頭）は着実に拡大している．酪農経営の担い手は他の農作物の経営者と比較し 60 歳未満の人が多い．専業酪農家は 9 割で，約 5 割に後継者がいる．酪農経営では，その体質は強固で他の農作物の後継者不足と比べ後継者比率は格段に高い．

NC も 1985 年の 211 万頭をピークとして 1998 年には 186 万頭に減少しているが，PRM のみ 700 万 t より 860 万 t に増加している．乳牛頭数の減少にもかかわらず乳量が増大しているのは 1 頭当たりの泌乳量が増えたためである．これは泌乳量の多い乳牛の育種と最大泌乳量を出す 6 歳くらいで淘汰する方法で達成されたものと考えられる．

1.2.2　1 頭当たりの泌乳量の変化

表 1.1 に示した数値は生乳生産量を単に乳牛数で割ったものである．しかし，実際の搾乳牛はその 50% 程度であるので，搾乳量の実際量は約 2 倍とみるのが妥当と考えられる．このような視点で 1 年間，1 頭当たりの泌乳量をみると，1930 年まで 2,000kg，1950 年まで 3,500kg，1965 年まで 5,000kg，1985 年まで 6,000kg，1996 年から 7,000kg と飛躍的に伸びていることが分かる．特に多いものでは年間 20,000kg の泌乳量を記録している．現在，日本の乳牛の泌乳量は 1 回約 25kg で，通常朝夕 2 回搾乳するので約 50 kg と

なる．これは1頭当たりの泌乳量として世界一の乳量といわれている．

多くの酪農家は施設として専用搾乳室（milking parlor）を備え，搾乳には搾乳機（ミルカー，milker）が用いられ，多頭飼育（平均50頭）が可能となった．ミルカーで搾乳された牛乳はパイプラインによりバルククーラーに送られ，5℃まで迅速に冷却される．最近はロボットによる完全自動化搾乳システムも登場している．

参 考 文 献

1) 日本国勢図絵 1999-2000 年，国勢社（1999）
2) Carr, E. H. : What is History, 清水幾太郎訳：歴史とは何か，岩波書店（1962）
3) 雪印乳業史編纂委員会：雪印乳業史，第1巻（1960）
4) 雪印乳業史編纂委員会：雪印乳業史，第1巻（1961）
5) 農林水産省統計情報部：平成10年 牛乳，乳製品統計（1999）
6) 乳業企業経営情報 1999 年版，乳業ジャーナル（1998）

『20世紀 乳加工技術史』 正誤表

該当頁	該当箇所	誤	正
6	参考文献 4)	…: 雪印乳業史, 第 1 巻 (1961)	…: 雪印乳業史, 第 2 巻 (1961)
8	下から 6 行目	(land flowing in milk and honey)	(land is flowing in milk and honey)
112	図 4.53	5m / 15m / 20m	5m / 15m / 6m
134	下から 2 行目	…1959年 (昭和34年), ヒ素ミルク中毒事件を起こした. 100人を超える乳幼児の…	…1955年 (昭和30年), ヒ素ミルク中毒事件を起こした. 130人を超える乳幼児の…
144	上から 3 行目	(4) 小豆粒大になった脂肪の塊をチャーニング (練圧),	(4) 小豆粒大になった脂肪の塊をワーキング (練圧),
最終頁	著者略歴	1993 年 日本熱物学会功労員	1993 年 日本熱物性学会功労員

2. 牛乳利用の歴史

2.1 日本の牛乳利用の歴史

　わが国の牛乳利用は明治維新（1867年）を境として大きく変化している．それまでの日本は仏教思想の影響や長い鎖国により，庶民には牛乳を飲む習慣がなく，牛乳は宮廷や幕府の上流階級だけのものであった．

　日本に牛乳の利用を初めて紹介したのは，百済（くだら）から帰化した智聡（ちそう）である（562年）．また，その息子の善那（ぜんな，別名：福常）は第36代孝徳天皇（在位645～654年）に牛乳を搾って献上し，その功績により大和薬使主（やまとくすしのおみ）の姓を賜ったといわれる．645年は大化の改新の始まった年である．やがて飛鳥（7世紀），奈良（8世紀），平安（9～12世紀）時代と続き，乳牛院（宮廷内の乳牛飼育舎）や乳の戸（宮中御用の指定酪農家）が設置されるとともに，牛乳から造った"蘇（そ）"を奉納する制度「貢蘇の儀」と『延喜式』の「諸国貢蘇番次」制度（諸国輪番制の貢蘇制度）が確立された．貢蘇の儀で奉納された蘇（または酥）は，牛乳大1斗（今の7.2l）を加熱して，これを大1升（約720ml），つまり10分の1に濃縮したものとされている[1]．これを陶製の壺や木製の箱に詰めて上納したといわれる．

　当時の牛乳の全固形率が現在のホルスタイン種の12%の1/2としても，1/10に濃縮したならば約60%になり，到底液体としての流動性を有することは困難となる．また，当時は木を燃料とし大気圧での加熱であるから，品温はかなり高く，長時間を要し，その結果メイラード反応*を起こし，製品は褐変化したと考えられる．今日的感覚からすると，はたして美味しい乳製品であるのか疑問である．多くの著書[2)-6)]には，この蘇について濃縮乳様，バターまたはクリーム様と記載されているが，明確に現代の乳製品にあては

---

* 食品の加工，貯蔵，調理の過程でおこる反応で，非酵素的褐変の原因となる．アミノーカルボニル反応ともいう．

めることは難しい．しかし，すでにこの時代に牛乳の搾乳衛生，殺菌，濃縮，保存，長距離輸送などの技術が導入されていたことは注目に値する．

蘇以外の当時の乳製品には，酪（らく），乳哺（にゅうほ），乳腐（にゅうふ），醍醐（だいご）などがあり，これらの高度栄養食品が奈良，平安時代の仏教文化を形成する底力となったといわれている．この牛乳利用の隆盛は，平安朝の没落によって1240年頃に衰退したが，約500年の空白の時代を経て1727年（享保12年）徳川8代将軍吉宗が安房嶺岡牧場に白牛を導入，白牛酪を製造することになる．これは牛乳を加熱濃縮して型詰め後，加熱乾燥したもので，半乾燥固形牛乳と考えられる．

その後70年経ち，1863年（文久3年），横浜太田町8丁目の前田留吉により，日本で最初の牛乳（市乳）搾取業が開始された．アメリカの牛乳販売が1624年からである[7]ので，これに後れること240年である．明治に入り，前田留吉に続いて乳牛を飼い搾乳業を営む者が現れ，戸別に牛乳を量り売りして歩くようになった．その規模は小さく家内工業的なものであった．

日本における乳加工の歴史を表2.1に示す．

2.2 外国における牛乳利用の歴史

一方，西洋では『旧約聖書』の中でB.C.6000年頃，すでに牛乳が利用されていたことが述べられており，これは家畜の成立と呼応しているといえる．聖書の中の「乳と蜜の流れる土地」(land flowing in milk and honey) という表現は，その当時，牛乳と蜂蜜が理想郷を造る上にいかに貴重な食品であったかを示すものと考えられる．またB.C.3500年頃，メソポタミア地方[*1]のシュメール（Sumer）人[*2]は乳牛を女神として讃美すると共に，牛乳を搾って飲用に，また加工に供したといわれる．牛乳を放置して表面に浮いてくる脂肪や，自然発酵で生じる酸凝固物（カード）は，バター，チーズ，発酵乳

[*1] チグリス・ユーフラテスの両河が流れる地域のギリシャ名．ここで世界最古の文明の一つが起こった．

[*2] バビロニアの南部地方に住んだ人達をいう．この地方でB.C.3000年頃，楔形文字が発明された．

表 2.1 日本における乳の利用と加工技術の歴史（19 世紀より 20 世紀）[5)-11)]

西暦（和暦）	事　項
1801	
1843	水戸藩主斉昭公，弘道館の医学館のそばに薬園，養牛場を造り，酥，酪を造らせた．
1857	外国式搾乳術，函館で普及が始まる．
1863	前田留吉，オランダ人より搾乳技術を習い，横浜にて搾乳業を開始．
1872（明治 5）	東京麻布，堀田邸跡に北海道開拓使勧業試験所を設け，加糖練乳の製造始まる．
1874（明治 7）	東京の勧業試験所が北海道七重に移転，乳製品の製造試験を行う．
1875（明治 8）	札幌郡真駒内に種畜牧場が設置される．バター，チーズ製造始まる．
1885（明治 18）	クリーム分離機，バターチャーンが導入される．
1891（明治 24）	静岡県三島町の花島兵右衛門，練乳製造開始．
1896（明治 29）	花島兵右衛門，練乳用真空釜を造る．
1900（明治 33）	農商務省七塚原種畜牧場を設置，乳製品の製造を開始．
	わが国最初の牛乳営業取締規則発布（内務省令 15 号）
	東京にミルクホール開店．
1901	
1903（明治 36）	農商務省七塚原種畜牧場においてフランスより練乳機械を輸入．
1904（明治 37）	北海道渡島，当別トラピスト修道院を中心に付近農家の製酪組合が設立される．
	マリー・ゼアン・ボアン，函館，湯の川天使園にてチーズの製造を開始．
	練乳用砂糖の免税運動起こる．
1906（明治 39）	農商務省月寒種畜牧場設置，バター，チーズ，練乳の製造開始．
1914（大正 3）	トラピスト修道院において無糖練乳の製造開始．
	ヨーグルトの名称を登録使用（ミツワ石鹼・三和善兵衛）
1917（大正 6）	日本最初の調製粉乳 "キノミール" 発売（和光堂）
	カルピス発売．乳酸菌飲料の確立（三島海雲）
1919（大正 8）	均質牛乳の実用化．
1920（大正 9）	円筒式乾燥機（1919 年輸入）により，日本最初の全脂粉乳（森永ドライミルク）を製造発売．
1921（大正 10）	極東煉乳㈱，アメリカよりアイスクリーム製造機械購入．
1922（大正 11）	アイスクリームが初めて沼津駅で売られる（極東煉乳）
	北海道極東煉乳㈱，低温殺菌設備をアメリカより輸入，札幌にて "パストライズド・ミルク" を発売．
1924（大正 13）	大日本製乳㈱，メーレル・スール（Merrell-Soule）式噴霧乾燥装置を輸入，噴霧式による全脂粉乳を製造．
1926（大正 15）	北海道製酪販売組合連合会（雪印乳業の前身），工場規模でのバター製造開始．
1927（昭和 2）	乳酸飲料 "コーラス" 発売（森永製菓）
	牛乳営業取締規則改正（警視庁令，日本最初の殺菌命令）
1928（昭和 3）	北海道製酪販売組合連合会，工場規模でのアイスクリームの製造販売を開始．
	同連合会でナチュラルチーズ（ブリック，チェダー）の製造開始．
	東京に 54 の市乳工場開業（63℃，30 分の殺菌が行われる）

2. 牛乳利用の歴史

西暦（和暦）	事　項
1930（昭和5）	北海道製酪販売組合連合会，ピメント（pimento）チーズを試作製造.
1933（昭和8）	スイス・ネッスル社系練乳工場，淡路島広田村に設立される.
1935（昭和10）	保健酸乳飲料の確立（ヤクルト・代田稔）
1937（昭和12）	ビタミン強化牛乳発売.
1938（昭和13）	牛乳，バターを重要物産に指定（農林省令）
1940（昭和15）	牛乳，乳製品配給統制（農林省令）
1942（昭和17）	加糖粉乳，15%，35%加糖に統一.
1944（昭和19）	木製飛行機製作用としてカゼインを統制.
	軍用粉末醤油を粉乳用乾燥機で製造.
1945（昭和20）	敗戦．全国焦土と化し牛乳極端に不足.
	進駐軍用還元牛乳を製造するため全国5か所に工場建設（Formost Dairy Co.）
	各地の牛乳工場が米軍用アイスクリーム工場に接収される.
1948（昭和23）	輸入ミルカーの使用始まる.
1950（昭和25）	飲用牛乳，乳製品の配給，価格統制解除.
	アメリカよりホルスタイン種精液が初めて空輸される．日本各地で人工授精始まる.
	育児用粉乳ビタミン入りドライミルク発売（森永乳業）
1951（昭和26）	デンマーク・ポーシュ社よりメタルチャーン導入（雪印乳業）
	育児用粉乳ソフトカード発売（明治乳業）
	育児用粉乳ビタミン入りビタミルク発売（雪印乳業）
1952（昭和27）	ビタミンD添加"ホモ牛乳"発売（森永乳業）
	高速粉乳製造装置（2重効用缶）を設置（森永乳業）
	鉄分添加"ネオ牛乳"発売（明治乳業）
	易溶性粉末クリーム"クリープ"発売（森永乳業）
1954（昭和29）	アンハイドロ（Anhydro）社の薄膜上昇式2重効用缶導入（雪印乳業）
	アンハイドロ社の小型高能力噴霧乾燥機導入（雪印乳業）
1955（昭和30）	脱脂粉乳中毒事件発生（雪印乳業）
1957（昭和32）	プレート式エバポレーターAPV機導入（森永乳業，明治乳業）
	プレート式熱交換器を導入（雪印乳業）
	ポリ冠帽機を導入（森永乳業）
	HTST式殺菌工場の操業開始（明治乳業）
1959（昭和34）	インスタントスキムミルクパウダー発売（雪印乳業）
	スーパー牛乳にアルミシール使用開始（雪印乳業）
	3合瓶入り牛乳発売（明治乳業）
	調製粉乳中毒事件発生（森永乳業）
1960（昭和35）	ナチュラルチーズ貿易自由化.
1961（昭和36）	沖電気㈱，牛乳自動販売機発売.
	連続式バター製造機導入（雪印乳業）
1964（昭和39）	牛乳共販クーラーステーション施設助成開始.
	テトラパック包装機設置（森永乳業）
1964（昭和39）	高塔式（tall form）大能力噴霧乾燥機が製作される（雪印乳業花巻工場）
1966（昭和41）	ヴィーガント（Wiegand）ワンパス薄膜下降式3重効用缶，TVR（熱

西暦（和暦）	事　項
	圧縮式），MVR（機械圧縮式）導入（雪印乳業）
1966（昭和41）	セルフオープニング遠心分離機導入される(12→25t-原料/h)（アルファラバル社）
1967（昭和42）	大型縦型貯乳タンク（80～130t）製作.
1980（昭和55）	膜分離技術の乳加工への応用.
	加糖練乳を薄膜下降式3重効用缶で製造開始（雪印乳業）
	固定化酵素による乳糖分解乳（アカディ）の製造（雪印乳業）
1984（昭和59）	スーパープレミアム（脂肪率15%, オーバーラン20%）アイスクリーム東京青山に進出（ハーゲンダッツ）
1985（昭和60）	細線加熱法により凝固乳切断時期を判定（雪印乳業）
1986（昭和61）	原料乳脂肪率測定の迅速化. ミルクスキャン（フォス社, 赤外線分光光度計）により原料乳サンプルの脂肪率を100～120個/hの速さで測定できるようになった.
1988（昭和63）	ニロ（Niro）社の流動層をもつ（二次乾燥および造粒のため）噴霧乾燥機導入（雪印乳業）
2000（平成12）	低脂肪乳中毒事件発生（雪印乳業）

　の製造法を考案するきっかけを与えた．実際にメソポタミア，エジプト，インド，中央アジアではB.C.4000～B.C.2000年に，これら乳製品の製造が始まっている．インドでは乳牛を人類の救済者としてあがめ，搾乳した牛乳を栄養の象徴とした．ソロモン（Solomon）* は家臣に「食物として山羊の乳を摂れ，されば家人の食料として十分に養うことができる」と話したという．

　西暦年代に入り，上記乳製品の製造法の改良が進み，12世紀に入るとアイスクリームの原始形態としてのウオーターアイスが登場，ベルギーでもバターの製造が行われた．14世紀，タタール人（8世紀，東モンゴルに現れた蒙古系種族）は牛乳を加熱し，浮上した脂肪分を掬い取りバターを造った．残った部分は太陽熱で乾燥し，旅行または戦争の際の携帯食糧にしたと言う．

　17世紀（1619年），イタリアの医学者バルトレタスは牛乳は脂肪，カゼイン，ホェーなどの3成分よりなるが，さらに第4の成分があるとしている．この第4成分は甘く，栄養上大切なものであるとし"乳の甘露"なる名をつけた[8]．この成分は乳糖であることが分かった．当時は人々の科学の知識が少なく，物質はすべて硫黄，水銀および塩より構成されていると信じられ

---

* 古代イスラエル王国の第3代の王（B.C.961～B.C.922年）．父ダビデ王の後をうけて通商を盛んにし，神殿，宮殿の大建築工事を行った．知者としても知られたが，人民は重税に苦しみ，死後国土は分裂した．

2. 牛乳利用の歴史

表2.2 外国における乳の利用と加工技術の歴史 (19世紀より20世紀)[5)-11)]

西暦	事　項
1801	
1857	パスツール (Louis Pasteur), 酸敗乳の原因となる乳酸菌を分離し, 殺菌の原理を発見 (フランス)
1864	各州立大学に乳業に関する教育や研究機関ができる (アメリカ)
1870	ムーリエ (Mège Mouriés), オレオマーガリンの製造に成功 (フランス)
	アンモニア圧縮式冷凍機発明される.
1872	コッホ (Robert Koch), 細菌が病気を起こすことを発見, 牛の結核について研究.
1874	ハンセン (Chr. Hansen), レンネットの製造を開始 (デンマーク)
1877	レフェルト (Wilhelm Lefeldt), 遠心分離機を発明 (ドイツ)
1879	デラバル (Gustaf DeLaval), 遠心分離機を改良, 実用機とする (スウェーデン)
1880	本格的殺菌機をもったミルクプラント設置される (ドイツ)
1883	麦芽入り調製粉乳 (マルテッドミルク) 発売される (アメリカ)
1884	カーティス (David Curtis), 角型チャーンを発明 (アメリカ)
	サッチャー (Thatcher) により牛乳瓶がはじめて設計される (アメリカ)
1885	エバミルク工業化 (アメリカ)
	低温殺菌乳発売 (スウェーデン・デンマーク)
1886	自動牛乳充填機とキャッパーの発明 (アメリカ)
1888	ゲルベル (Nicolas Gerber), 牛乳脂肪試験法を発明 (スイス)
1890	ウィスコンシン州立大学のバブコック (S. M. Babcock) が簡単で精度の高い, 牛乳脂肪試験法を発明 (アメリカ)
	牧場にツベルクリンテストが導入される (アメリカ)
	ゴーリン (August Gaulin), 均質機を発明 (フランス)
1893	牛乳用低温殺菌機の発明 (アメリカ)
1901	
1901	スタウフ (Robert Stauff) が噴霧乾燥による牛乳乾燥法を開発 (ドイツ)
1905	初めて殺菌クリームよりバターを製造 (アメリカ)
1906	ニューヨーク州アーケードにメーレル・スール (Merrell-Soule) 式粉乳工場設立 (アメリカ)
1909	クラフト (J. L. Kraft), プロセスチーズの製造開始 (アメリカ)
1911	自動ロータリー瓶詰機とキャッパー完成 (アメリカ)
1914	ミルクタンカーが初めて使用される (アメリカ)
1922	ゴーリンにより均質化牛乳が造られる (フランス)
	列車用牛乳タンカーが造られる (アメリカ)
1923	牛乳のHTST殺菌が行われる (イギリス)
1926	牛乳紙容器開発 (アメリカ)
1932	均質化牛乳の商業的販売開始 (アメリカ)
1938	農場用バルクタンク導入 (アメリカ)
1940頃	還元牛乳考案 (アメリカ)
1946	真空殺菌法開発 (アメリカ)
1948	超高温殺菌法導入 (オランダ)
	プラスチック被覆のカートン導入 (アメリカ)
1950	牛乳用自動販売機開発 (アメリカ)
	牛乳の無菌充填法の確立 (アメリカ)

2.2 外国における牛乳利用の歴史

西暦	事項
1957	連続式バター製造機導入（ドイツ）
1964	プラスチック牛乳容器開発（アメリカ）
1967	ノンデイリー製品が現れる（アメリカ）
1968	乳脂肪の検査に電気式脂肪検定器が公的に認められる（アメリカ）
1974	液状乳に栄養についてラベルを貼ることになる（アメリカ）
1980年代	ポリエチレン容器（タッパー防止キャップ付HOPP）の1ガロン（3.78l），1/2ガロン（1.87l）で牛乳が売られる（アメリカ）
1982	UHT牛乳が市販される（アメリカ）

ていた．したがって，バターは黄色であるから硫黄，ホエーは流動性があるから水銀，カードは塩類に由来するとした．

18世紀初頭，動物科学の基礎を作ったベルハーブは，牛乳の成分分析に関して新知見を発表した．彼の弟子は後に牛乳の定量分析に関する基礎を確立した．18世紀には，セルビア，ブルガリア，ルーマニアなどでは常時，酸性牛乳（ヨーグルト，クミスなど）を飲用していた．その結果，この地方には長寿者が多いという．これは牛乳中に存在する乳酸菌が腸内の腐敗菌を抑え，有用菌の作用を促進させて腸の働きを正常化するために寿命が延びたとされている．

1780年シェーレ，（K. W. Scheele）[12]によって酸敗した牛乳中より乳酸を発見，またカゼイン中にリン酸，カルシウムが存在することを示した．その後，多くの学者により牛乳の理化学的性質が解明され今日に至っている．19世紀後半，本格的な練乳，粉乳の製造が始まり，今日の近代的な乳製品製造技術の先駆けとなった．このように西洋では日本と違い長い乳利用の歴史がある．

19世紀より20世紀の外国における乳加工技術の進展を表2.2に示す．

参 考 文 献

1) 中江利孝：牛乳，乳製品，養賢堂（1974）
2) 松尾幹之：ミルクロード，日本経済評論社（1986）
3) 津野慶太郎：牛乳衛生警察，長隆舎書店（1909）
4) 津野慶太郎：現代の乳業，長隆舎書店（1915）
5) 十河一三：大日本牛乳史，牛乳新聞社（1934）
6) 井口賢三編纂：畜産寶典，養賢堂（1938）

7) 中江利孝：日本における乳加工技術100年をふりかえって，化学と生物，**10**，No.4 (1972)
8) 黒澤西蔵：酪農叢書，北海道酪農協同㈱ (1948)
9) 雪印乳業史編纂委員会：雪印乳業史，第1巻 (1960)
10) 雪印乳業史編纂委員会：雪印乳業史，第2巻 (1961)
11) 日本乳製品協会：牛乳，乳製品の科学 (1953)
12) 南条正男：化学大辞典6 共立出版 (1979)

3. 牛乳，乳製品の生産と消費の変遷

3.1 日本の乳製品の消費の推移

　牛乳，乳製品の消費が，1935年（昭和10年）と1998年（平成10年）の63年間でどう変化したか，主要食品の摂取量とともに比較したものを表3.1に示す．また，図3.1に，ほぼ同時期の穀類と牛乳，乳製品の消費構造の変化を示した．

　表3.1や図3.1からは，第二次世界大戦を境にして，油脂，肉類の摂取量は約20倍，牛乳，乳製品は約30倍に増え，逆にいも類，米，味噌，醤油の摂取量が戦前と比較して40〜70%に減少していることが分かる．これは，日本の食生活が，純和風から肉や乳製品を加えた混合食へと変化したことを数量的に示している．

3.2 牛乳，乳製品の値段の推移

　1930年から2000年までの牛乳と乳製品の値段の推移をみると，図3.2に

表3.1　日本における食品摂取量の変化（1人，1年当たりkg）[1),2)]

	1935年（昭和10年）	1998年（平成10年）	1998/1935（%）
牛乳，乳製品	3.2	92.3	2,884
油　脂	0.8	14.6	1,825
肉　類	1.9	28.0	1,473
卵	2.3	17.3	752
魚介類	13.9	33.8	243
砂　糖	13.1	20.0	153
野　菜	74.8	99.0	132
いも類	28.1	21.4	76
醤　油	13.8	8.5	62
米	126.3	65.2	52
味　噌	10.9	4.5	41

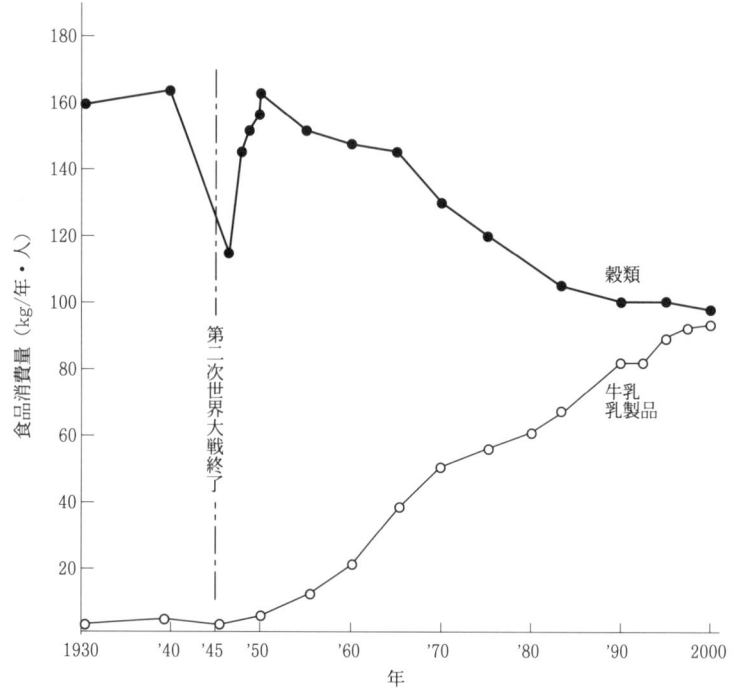

図 3.1　食料消費の変化
資料：農林水産大臣官房調査課，食糧需給表 平成 10 年度速報．

示すように 1945 年の敗戦の年を境に急激に高騰している．これはインフレーションですべての物価が高騰したためである．ただ，牛乳は比較的なだらかな上昇で，バターと乳酸菌飲料は急騰，アイスクリームは少し遅れ 1950 年に入り上昇している．牛乳は，栄養食品の一つで，生活必需品として当時の政府の価格政策により値段が押さえられていたものと考えられる．

　表 3.2 に公務員初任給と乳製品価格の推移を示す．乳製品価格は，戦前は初任給の 1.7〜2.5％，最近では 0.3〜0.4％を示している．1946 年（第二次世界大戦後の食糧難の時代）には約 6％まで急騰した．この時代，乳製品は高価で貴重な食品であったことが分かる．

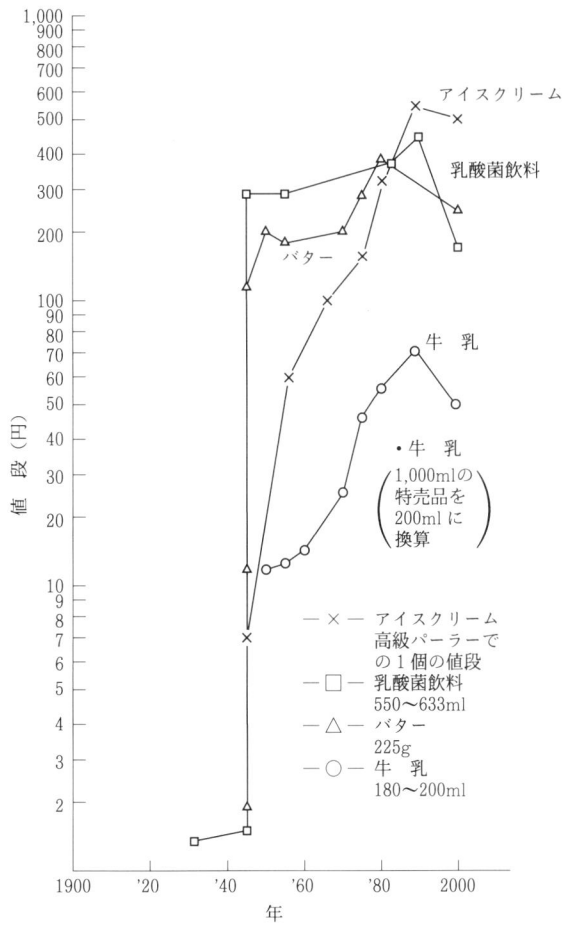

図 3.2　牛乳, 乳製品の値段の推移 (1930〜2000 年)[3]

3.3　世界の乳生産量

　1998 年の世界の全動物の乳の生産量は 5 億 5,700 万 t で, 前年より 1.4％の増加である (表 3.3). 1976 年の生産量と比べ 1 億 2,400 万 t (29％) 増えている.

　1998 年の牛乳の生産量は 4 億 8,000 万 t である (表 3.4). 牛乳の全動物乳

表3.2 公務員初任給と乳製品の価格（1894〜1987年）[3]

年代	公務員の初任給(A)（円）	アイスクリーム(B)（円）	比率（%）	牛乳(C)（円）	比率（%）	バター(D)（円）	比率（%）	乳酸飲料(E)（円）	比率（%）
1894（明治27）	50			0.04	0.08				
1907（明治40）	50	0.15	0.30	0.04	0.08				
1911（明治44）	55			0.04	0.07				
1918（大正 7）	70	0.2	0.29	0.06	0.09			1.6	2.29
1926（昭和元）	75	0.25	0.33	0.08	0.11	0.61	0.81	1.9	2.53
1937（昭和12）	75	0.3	0.40	0.08	0.11	0.65	0.87	1.3	1.73
1946（昭和21）	540	7	1.30			32.8	6.07		
1948（昭和23）	4,863	25	0.51	11	0.23	224.23	4.61	290	5.96
1951（昭和26）	6,500			14	0.22	210	3.23		
1954（昭和29）	8,700	60	0.69	12.5	0.14	240	2.76		
1960（昭和35）	10,680			14	0.13	170	1.59		
1965（昭和40）	17,100	100	0.58						
1970（昭和45）	27,600	150	0.54	25	0.09				
1975（昭和50）	55,600	250	0.45	47	0.08	315	0.57		
1980（昭和55）	94,600	330	0.35						
1985（昭和60）	109,100	400	0.37					440	0.41
1987（昭和62）	128,800	550	0.43	70	0.05	390	0.30	440	0.34

(A) 月俸で諸手当を含まない初任給．昭和21年3月まで高等文官試験に合格した高等官，以後は国家公務員試験に合格した大学卒．
(B) 東京における高級パーラーでの1個の値段．
(C) 各家庭に配達するときの1本（昭和45年以前は180ml，以降は200ml）の標準小売価格．
(D) バター225gの価格．
(E) カルピス標準瓶（大正8年は400ml，大正12年から昭和55年まで633ml，昭和56年から550ml）

表3.3 世界の動物乳の生産量（単位：100万t）

年度	1976	1991	1992	1993	1994	1995	1996	1997	1998
牛 乳	394.4	475.2	466.1	465.2	465.7	468.5	466.8	471.2	476.0
水牛乳	23.8	42.3	45.7	45.8	48.2	53.4	55.4	57.6	59.0
山羊乳	7.0	9.1	9.5	9.9	10.0	10.1	10.5	10.7	11.9
羊 乳	7.5	7.9	7.8	7.8	7.9	8.0	8.1	8.4	8.6
その他	1.0	1.2	1.2	1.2	1.3	1.3	1.4	1.4	1.4
合 計	432.7	535.7	530.3	529.9	533.2	541.3	542.2	549.4	557.0

資料：ZMP（ドイツ牛乳新聞），FAO，IDF（国際酪農連盟）

に対する割合は，1990年代で86〜89％であり，水牛乳の割合は1990年に7.5％，1998年に11％に増え，山羊乳もこの間に3.2％から3.5％に増えている．世界の牛乳生産量のうち，アメリカは15.2％を占め，世界最大の牛乳生産国である．それに対し，日本の牛乳生産量比率は1.8％である．人口比率では世界人口の2.4％であるので，日本の牛乳生産量比率は人口比率をわずかに下回っている．

表3.4 世界の牛乳生産概算量（億t）

年　度	生　産　量
1980	4.2
1985	4.5
1990	4.8
1995	4.7
1998	4.8

資料：IDF．

3.4 原料乳の生産量および飲用乳と乳製品向けの内訳（日本）

1955年より1997年までの原料乳の生産量および飲用乳（市乳）と乳製品向けの内訳は，表3.5のようである．1955年から1970年までは市乳化率は50％台で，1975年から1995年までは60％台となったが，1996年より再び50％台に戻った．

表3.5 原料乳生産量と飲用乳，乳製品用牛乳生産量（日本）（単位：千t）

年	原料乳(A)	飲用乳(B)	乳製品用(C)	その他(D)	市乳化率 B/(A−D)%
1955	1,031	500	426	105	54.0
1960	1,939	1,008	772	160	56.6
1965	3,271	1,828	1,254	189	59.3
1970	4,789	2,651	1,964	174	57.4
1975	5,006	3,179	1,709	118	65.0
1980	6,498	4,010	2,311	177	63.4
1985	7,436	4,307	3,015	114	58.8
1990	8,203	5,091	2,985	127	63.0
1995	8,467	5,152	3,186	129	61.8
1996	8,659	5,188	3,351	120	59.9
1997	8,629	5,122	3,396	110	59.4
1998	8,549	5,026	3,419	104	58.8
1999	8,514	4,939	3,473	102	58.0

注：学校給食用は(B)の10.8％で約55万t（1990年）
　　その他は酪農家での使用量．
資料：MAFF 牛乳，乳製品統計．

3.5 飲用牛乳の生産と消費の変遷

3.5.1 日本の場合

図3.3, 表3.6, 表3.7に約100年間（1901～1998年）にわたる日本人の飲用乳の生産量と消費量の一覧を示す．消費統計が記録に現れたのは1901年（明治34年），全国で6,559kl（石をリットルに換算，全部輸入量）であり，1人当たりの年間消費量は540mlとなり，ほとんど飲んでいないことになる．1905年（明治38年）に初めて29,000klの生産があったが，輸入量と合わせても約40,000klに過ぎず，1人当たり900mlの消費量であった．その後，1940年まで生産量は伸び，1人当たりの消費量は4,700mlまで増加した．1945年，日本は第二次世界大戦に負け，牛乳生産量はかなり低下したが，1955年より1985年まで年率10%近い生産量の増加を示し，消費量も上昇した．すなわち生産量は96万klより441万klへ，実に4.6倍の増加である．また，消費量も1990年に1人当たり年間40.5lとなり，初めて40lの大台を超えた．しかし1995年以降，生産，消費共に減少傾向にある．日本人は農

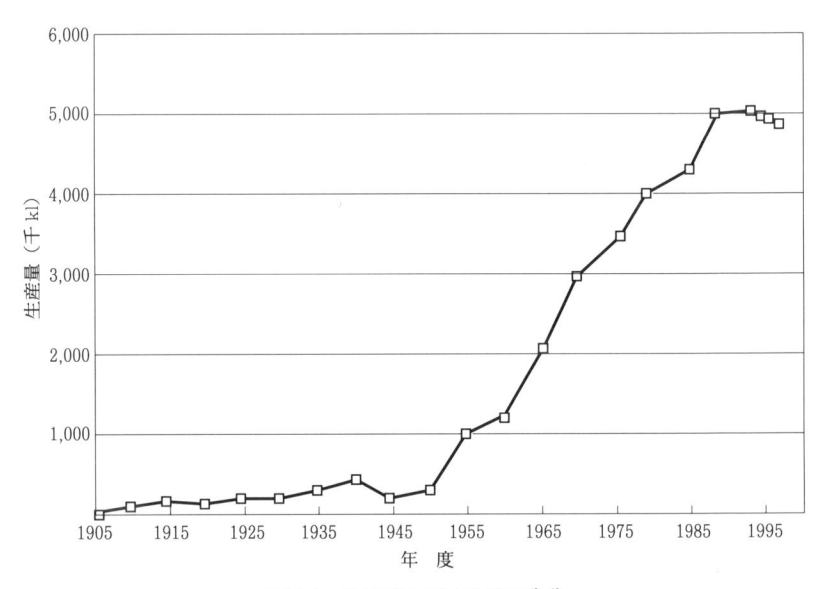

図3.3 飲用乳の国内生産量[4]-[9]

表 3.6 飲用乳の生産量,輸入量,輸出量[4), 10)−13)]

(1905〜1955 年)

年　度	生産量 (kl)	輸入量 (kl)	輸出量 (kl)
1905	29,030	11,853	163
1910	46,001	13,785	0
1915	53,852	7,243	0
1920	63,449	13,866	2,868
1925	126,400	22,940	4,091
1930	175,040	24,127	7,397
1935	265,922	3,752	22,425
1940	368,514	5,278	31,962
1945	180,000	0	870
1950	352,626	1,582	2,860
1955	959,976	30,427	759

耕民族であるがために,牛乳を飲むとガス発生や下痢を起こす乳糖不耐症の人が多い.特に中高年の人では乳糖不耐症の割合が多く(20〜25%),酒はかなり飲めるが,牛乳は飲めないという人がいる.したがって 40l/年・人(115 ml/日・人)程度の消費量が限度ではないかという考えもある.また,日本と欧米諸国では歴史や食文化に違いがあることから,消費量を比較するのは,あまり意味がないとする意見もある.しかし,欧米先進国の 1/2〜1/3 の摂取量というのはいかにも少ない.

3.5.2 世界の場合

表 3.8 に世界の飲用乳生産量を示す.これを見る限り,生産量は 1 億 4,000 万 t 台を上下し,ほとんど横ばい状態である.

表 3.9 に 1901 年より 1905 年における欧米各都市住民の牛乳消費量を示す.消費量の最も少ないパリの住民でも年間約 61l を消費している.1990 年における日本人の平均摂取量が年間 40l であるから,100 年前の欧米人のそれより少ないことになる.表 3.10 に 1968 年より 1998 年までの 30 年間における世界の牛乳消費量の変遷を示す.牛乳消費量の多いフィンランド,ニュージーランド,オランダなどの諸国は,この 30 年間でいずれも消費量が約 1/2 に減少していることが分かる.イギリス,デンマーク,アメリカ,フランス,ドイツなどの国も,この間に 20〜30% 消費量を減少させている.逆にイタ

表 3.7 日本人の牛乳消費量[4)-9)]

年	消費量(kl)	消費量(ml/人)
1901	6,912	540
1905	40,680	900
1910	59,560	1,260
1915	61,020	1,080
1920	74,340	1,260
1925	145,260	2,520
1930	191,700	3,060
1935	247,320	3,600
1940	341,820	5,040
1945	171,900	2,520
1950	351,180	4,140
1955	989,640	10,980
1960	987,000	10,040
1965	1,772,000	16,100
1970	2,624,000	23,900
1975	3,130,000	28,500
1980	3,987,000	33,900
1985	4,269,000	35,200
1990	4,506,000	40,800
1995	5,054,000	40,800
1996	5,016,970	40,200
1997	4,908,738	39,200
1998	4,758,602	37,900

表 3.8 世界の飲用乳生産量
（単位：千 t）[14)]

年	生 産 量
1990	142,121
1991	140,001
1992	142,990
1993	143,811
1994	142,554
1995	142,882

リア，日本では消費量を増やしている．1965～1970 年における日本の牛乳消費量は欧米諸国と比べ 1/10～1/20 で非常に少なかった．しかし，その量は次第に増え，1996 年の統計では 1/2～1/3 となっている．

1998 年において，日本とブラジルは生乳の飲用向け割合が最も高く約 60％台である．EU 諸国，中国，アメリカではその割合が 25～40％である．中国の飲用乳は 2/3 が全脂粉乳の還元乳から，1/3 が生乳からのものである．これは市場と生産地が離れ，生乳生産に季節変動が大きいためである．このように還元乳で飲用乳の需給バランスをとっている国は中国のほかにインドがある．

先進諸国の飲用乳生産は安定もしくは停滞の傾向を示している．世界的な人口増加に比例して生産量は増えていないので，21 世紀には開発途上国で

表 3.9　20世紀初頭の欧米の都市住民の牛乳消費量[15]

都市名	年度	1日の消費量 （ml/人）	1年間消費量 （l/人）
ベルリン	1902	230	84
パ　リ	1900	166	61
ドレスデン	1902	262	96
ハンブルグ	1906	400	146
チューリッヒ	1906	230	84
ニューヨーク	1905	320	117
フィラデルフィア	1901	260	95
ボストン	1905	660	241

表 3.10　世界の主要国の牛乳消費量の変遷（l/人・年）[14]

国名	①1968年	②1990年	③1998年	③/①
フィンランド	292	179	146	0.5
ニュージーランド	202	123	102	0.5
オランダ	153	90	85	0.55
イギリス	149	123	118	0.79
デンマーク	135	121	94	0.79
アメリカ	126	92	99	0.79
フランス	107	77	76	0.71
ドイツ	90	71	64	0.71
イタリア	65	79	85	1.31
日　本	15	42	40	2.67

の飲用乳不足が問題となる可能性がある．飲用乳消費が世界的にそれほど伸びないのは，発酵乳，乳飲料と競合し，これらの消費が増えているためと考えられる．殺菌乳，UHT乳など品質保証期間の長いものが市場シェアを伸ばしている．デンマークではオーガニックあるいはバイオミルクと称する製品が次第に販売量を増やしている．

　低脂肪乳の消費割合は健康志向を反映して漸増し，EU諸国で飲用乳全体の約50%，アメリカでは約61%となっている．EU諸国の中でもオランダ，フランスは80%を超えているとのことである．このような現象は単に消費者側の志向を反映したもではなく，乳業メーカー側が低脂肪乳生産によりクリーム，バターを副産物として生産し，そこから二次的利益を上げようとしているとの見方もある．

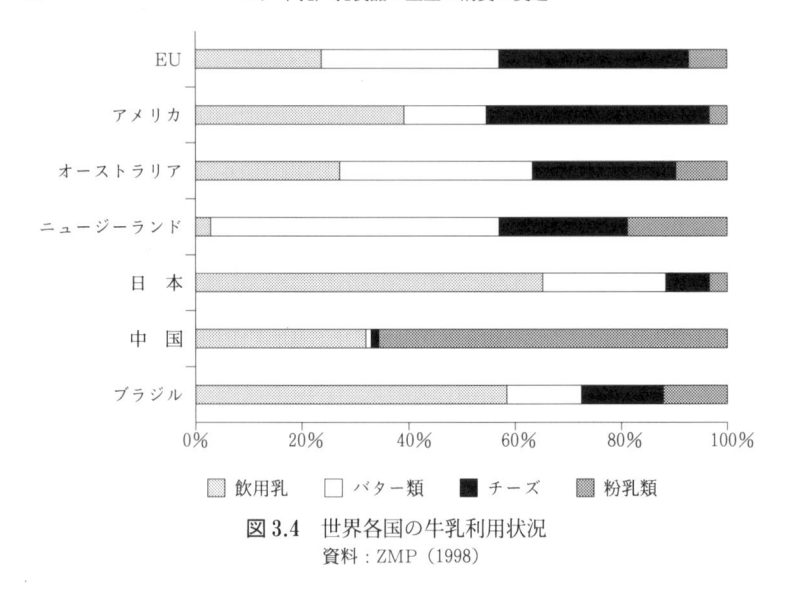

図 3.4 世界各国の牛乳利用状況
資料：ZMP (1998)

世界各国の牛乳の利用状況を図3.4に示した．飲用乳としての割合が最も高いのは日本の65％で，最低はニュージーランドの3％である．

ニュージーランドの牛乳の乳製品利用率は97％で，世界最大の乳製品輸出国となっている．次いで，EUの75％である．中国は非常に特徴的で粉乳化率が65％と高く，バター，チーズの生産が極めて少ない．

3.6 バターの生産と消費の変遷

表3.11，図3.5に日本のバターの生産と消費の推移を示す．

バターは日本の乳製品の中で比較的古くから製造されていたが，その生産量の記録が残されているのは1911年（大正元年）からである．その量は微々たるものであったが，1915年（大正4年）には309tの生産を示している．第二次世界大戦中（1941〜1945年）は病人の栄養食となり，貴重な食品として取り扱われた．1960年より1985年まで，12,000tから91,000tと生産量が急激に増えた．したがって，消費量も126g/年・人から758g/年・人まで増えた．しかし，「乳脂肪はコレステロールの増加因子で健康上問題」と栄

3.6 バターの生産と消費の変遷

表 3.11 バター生産量と消費量[4)-9)]

年	生産量（t）	消費量（g/人・年）
1911	139	5
1915	309	9
1920	491	18
1925	850	36
1930	2,094	40
1935	2,694	27
1940	2,275	31
1945	2,168	31
1950	2,449	31
1955	6,390	67
1960	12,000	126
1965	24,000	241
1970	42,000	382
1975	39,000	354
1980	65,000	560
1985	91,000	758
1990	75,000	611
1995	83,000	665
1996	86,000	688
1997	88,000	703

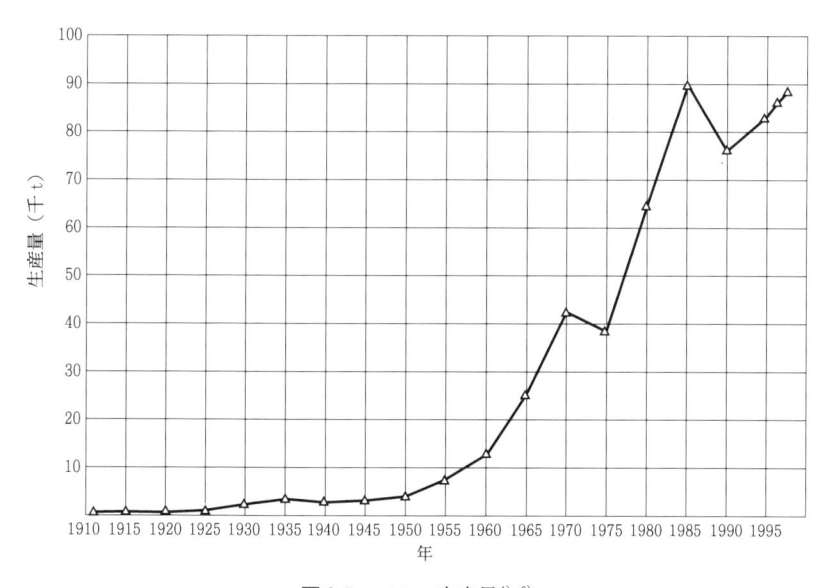

図 3.5 バター生産量[4)-9)]

養学者から指摘され,最近は生産量,消費量共に頭打ちとなっている.現在,生産量は 80,000t 前後で,消費量は 600～700g/年・人である.この消費量は 1.9g/日・人で,茶さじ 1 杯程度である.また,EC 諸国の 1/7,ニュージーランドの 1/12,アメリカの 1/3 の消費量である.したがって,乳脂肪をもう少し摂っても健康にはなんら害はないと思われる.

世界のバター生産量は 405 万 t (1998 年) で 1995 年より約 25% 減少している.その減少率の大きい国は EU,ロシア,ウクライナなどで,ポーランド,ベラルーシ,オセアニアなどは増産している.

表 3.12 に世界のバター生産量と消費量 (1980～1998 年),表 3.13 にバター生産量の多い国を示す.

表 3.12 世界のバター生産量
(単位:千 t)[14]

年	生産量	消費量
1980	6,910	—
1985	7,630	—
1990	6,090	5,730
1991	5,672	5,250
1992	5,511	5,276
1993	5,527	5,257
1994	5,243	5,094
1995	5,305	5,128
1998	4,050	—

世界で最もバター生産量の多い国はインドで,128 万 t (1997 年) である.インドはヒンズー教で菜食主義者が多く,たん白質と脂肪は主として牛乳とバターから摂るためと考えられる.生産量と消費量の差の大きい国はニュージーランドで,310,000t の生産に対し消費は 30,000t である.その差 280,000t は世界各国に輸出している.ロシアは約 110,000t を輸入している.

表 3.13 主要国のバター生産量 (単位:千 t)

年	ソ連	インド	アメリカ	フランス	ドイツ[*1]	パキスタン
1940[*2]	—	—	833	170	573	—
1950[*2]	336	—	747	225	271	—
1960	848	446	651	385	431	112
1970	1,067	490	518	481	505	182
1980	1,388	640	519	598	576	217
1989	1,780	840	572	539	380	332
1997	426[*3]	1,280	523	485	442	373

*1 1950 年以降は旧西ドイツのみ.
*2 工場生産のみ.
*3 ロシア,ウクライナのみ.
資料:FAO 生産年鑑.

3.7 チーズの生産と消費の変遷

3.7.1 日本の場合

　日本でチーズを生産した記録は，1921年（大正10年）に始まる．表3.14，図3.6から分かるように，当時の国内生産量はわずかに8tで，輸入44tを合わせても52tであった．1925～1927年の国内での総消費量は63～68tで，1人当たりに換算すると年間1gである．

　国内生産量は1930年（昭和5年）に19t，1935年（昭和10年）に104t，1940年（昭和15年）に262tに達した．当時，国内市場にチーズを供給したのは北海道札幌市の出納牧場（アメリカ式酪農を学び，実践した）とトラピスト修道院であった．また，アメリカ，カナダからチェダーチーズ，オランダからエダム，ゴーダなどのチーズが輸入された．

　1941年（昭和16年），太平洋戦争が始まると共に，軍需品としてのカゼイン（木製飛行機製作用の接着剤として）の生産や練乳，粉乳の増産のためチーズの生産は激減した．敗戦の年の1945年（昭和20年）は87tにまで生産は落ち込んだ．それから10年後の1955年には1,209tと急激に生産が回復し，日本の食生活になじみにくかったチーズも徐々に取り入れられていったことがうかがえる．

　1956年から1965年までの10年間に，チーズの生産量は10倍の15,000tとなり，つづく30年後の1995年には1965年の6倍強の100,000t台を記録し，その伸びはまだ続いている．

　日本のチーズはプロセスチーズが主体であったが，1980年代よりナチュラルチーズの美味しさを分かる人が増え消費量が伸びている．しかし，国産ナチュラルチーズの消費量（1.4万t，1997年）その割合はチーズ総消費量の6%程度であり，外国産ナチュラルチーズが45%（1997年）である．この両者を合わせ51%となりわずかにプロセスチーズを上回った（表3.15，表3.16）．

　一方，輸入チーズは主としてオセアニア，北欧からのものであり，次第にその量は増加している．1997年（平成9年）には，プロセスチーズが約4,800t，ナチュラルチーズが約170,000tと膨大な量が輸入されている．日本のプロセスチーズは，ほとんどが輸入されたナチュラルチーズより造られている．

3. 牛乳, 乳製品の生産と消費の変遷

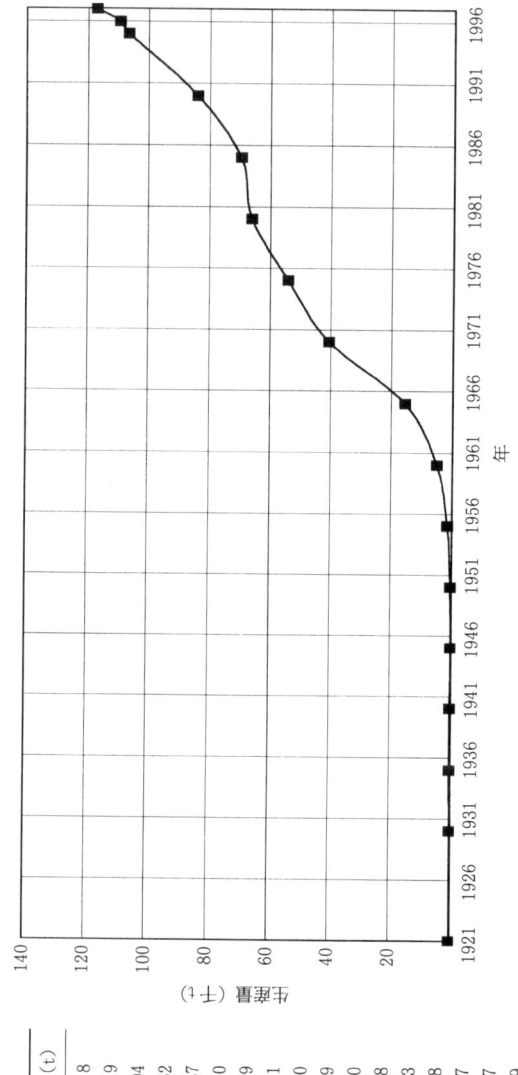

表 3.14 国産チーズの年度別生産量[4)-9)]

年度	チーズ (t)
1921	8
1930	19
1935	104
1940	262
1945	87
1950	250
1955	1,209
1960	4,751
1965	15,500
1970	40,429
1975	54,000
1980	66,088
1985	69,623
1990	84,058
1995	106,427
1996	109,377
1997	117,079

図 3.6 国産チーズの年度別生産量[4)-9)]

3.7 チーズの生産と消費の変遷

表 3.15 日本のチーズの需給表（単位：トン，％）

項目	年度		1975	1980	1985	1990	1993	1994	1995	1996	1997
		(②+③)									
国産ナチュラルチーズ生産量	①		9,658	12,353	19,696	28,415	31,998	30,977	30,739	33,161	34,186
プロセスチーズ原料用	②		9,401	10,089	13,840	18,245	20,439	19,080	19,049	21,438	20,378
直接消費用	③		257	2,264	5,856	10,170	11,559	11,897	11,690	11,723	13,808
		(⑤+⑥)									
輸入ナチュラルチーズ総量	④		47,898	71,205	79,546	111,629	135,091	141,756	154,956	163,911	167,867
プロセスチーズ原料用	⑤		38,823	45,410	40,200	44,371	54,350	58,155	61,236	61,319	67,140
直接消費用	⑥		9,075	25,795	39,346	67,258	80,741	83,601	93,720	102,592	100,727
		(③+⑥)									
直消用ナチュラルチーズ消費量	⑦		9,332	28,059	45,202	77,428	92,301	95,498	105,410	114,315	114,535
		(⑨+⑩)									
プロセスチーズ消費量	⑧		54,274	63,991	63,808	75,897	90,923	94,002	99,128	102,108	108,058
国内生産量	⑨		54,011	63,824	63,767	73,887	88,251	91,137	94,737	97,653	103,271
輸入数量	⑩		263	167	41	2,010	2,672	2,865	4,391	4,455	4,787
		(⑦+⑧)									
チーズ総消費量	⑪		63,606	92,050	109,010	153,325	183,224	189,500	204,538	216,423	222,593
国産割合											
プロセスチーズ原料用 ②/(②+⑤)			19.5	18.2	25.6	29.1	27.3	24.7	23.7	25.9	23.3
チーズ総消費量			16.7	14.8	19.8	20.6	18.9	17.7	16.2	16.5	16.6

注 1：③および⑥の直接消費用とは，プロセスチーズ原料用以外のものを指し，業務用その他原料用を含む値となっている．
  2：チーズ総消費量の国産割合は，ナチュラルチーズベースで推量している．
  3：輸入ナチュラルチーズは 1950 年より始まり 19t，1960 年 1,432t，1970 年 33,752t と輸入量が増えている．
資料：農林水産省畜産局牛乳乳製品課調べ．

表 3.16 国産ナチュラルチーズの種類別製造量（単位：トン，％）

種類	年度	1975	1980	1985	1991	1992	1993	1994	1995	1996
ゴーダ		9,001	9,405	12,202	15,350	16,212	17,158	14,672	14,916	15,300
チェダー		243	636	4,208	5,580	5,868	6,730	6,654	6,849	7,333
エダム		—	—	6	12	13	11	10	8	7
ブルー		—	9	16	33	32	30	27	29	33
カマンベール		—	11	115	1,143	1,479	1,692	1,876	2,046	2,230
クリーム		58	612	814	2,576	3,151	3,131	3,100	2,557	1,953
カッテージ		199	759	747	764	829	851	805	668	703
クワルク			—	1,816	1,970	2,301	2,433	2,386	2,545	2,740
その他			864	377	1,299	1,490	1,399	1,237	1,650	1,894
合　計		9,501	12,296	20,301	28,727	31,375	33,435	30,758	31,268	32,193

注 1：「その他」に含まれるチーズの種類は，ストリング，ハバーチ，マスカルポーネなど（1980 年以前はクワルクを含む）
  2：製造量は，当該年度に実際に製造された数量．
資料：農林水産省畜産局牛乳乳製品課調べ．

1997年の約170,000t（輸入金額607億円）の輸入ナチュラルチーズを生乳換算すると約220万tになり，日本の原料乳生産量の850万t（1999年）の約1/4となる．このような膨大なチーズの輸入（日本のチーズ消費量の約8割）が引き続き行われるのかどうかは，今後の経済環境の推移によるであろう．

また，ウルグアイラウンドの合意事項における関税率引下げが行われれば，現在よりさらに大量のチーズが輸入されることになろう．そのような事態になれば，日本の乳製品製造の要ともいえる北海道酪農に非常に大きな影響をもたらすことになろう．

3.7.2 世界の場合

1997年度の世界のチーズ生産量は1,270万tで，乳製品の中で最も生産量が増えている．表3.17に世界の主要国のチーズ生産量を示す．チーズ消費量は1998年に1,240万tになり，最近は年率4％の伸び率である．表3.18に世界各国の1人当たりのチーズ消費量を示した．1968年と1998年で各国のチーズ消費量を比較すると日本が7倍で最も伸び率が大きい．次いでフィンランド5.3倍，ドイツ4.4倍となっている．この30年間で世界の主要な国（日本を除く）では1人当たりのチーズの消費量が2〜5倍に増加した．1997年の日本のチーズ消費量は220,000tであるが，国内生産量は35,000t，輸入量が185,000tで，国産チーズの約6倍の量のチーズが世界各国から輸入されている．日本人は次第にチーズ好きになってきているので，将来は約10倍に消費が伸びると予測する人もいるが，実現は難しいと思われる．

3.8 練乳の生産と消費の変遷

3.8.1 加糖練乳（日本）

統計によれば，1907年（明治40年）にすでに国内で173tの生産があった（表3.19）．これに対し，輸入量は国内生産量の約23倍，4,000tにのぼっており，きわめて多いことが分かる．参考までに1910年代の各国の練乳生産量を表3.20に示す．大正年代に入ってから急激に国内生産量が増加し，1912年（大正元年）の1,300tより1925年（大正14年）の9,400tと約7倍になって

表 3.17 世界のチーズ生産量[*1]（千 t）

国　名 ＼ 年	1994	1995	1996	1997
EU 15 か国	5677.7	5825.8	5994.0	6047.3
ス イ ス	134.9	129.2	130.4	133.3
ノルウェー	80.3	81.4	84.1	84.8
アイスランド		4.9	4.8	4.8
ブルガリア	78.0	74.0	70.0	72.0
チェコ	76.0	87.7	105.0	97.0
スロバキア	34.8	35.9	39.5	42.0
スロベニア		12.6	12.9	14.5
ロ シ ア	285.0	217.0	191.0	
ウクライナ	102.0	96.4	84.9	53.5
ベラルーシ	34.6	24.7	28.5	28.5
ポーランド	297.3	294.7	337.8	379.0
ルーマニア	41.5	44.6	42.6	41.7
バルト諸国	77.0	56.0	46.0	48.0
ハンガリー	50.4	51.0	52.2	
クロアチア[*2]		17.0	19.0	20.9
カ ナ ダ[*2]	282.0	289.0	288.7	326.3
メキシコ	118.3	112.9	122.9	123.4
アメリカ[*2]	3054.8	3122.2	3253.1	3337.0
アルゼンチン	386.2	368.9	388.0	4.5
ブラジル	330.0	360.0	385.0	408.0
南アフリカ	40.9	41.2	39.5	39.8
オーストラリア[*3, *4]	241.0	272.5	289.7	300.0
ニュージーランド[*4]	197.4	239.4	267.0	288.0
日　本[*5]	102.0	105.4	109.0	114.0

[*1] 主として牛乳より造ったチーズ．
[*2] カッテージチーズのようなフレッシュチーズを除く．
[*3] チェダー，ゴーダチーズのみ．
[*4] 酪農年を 5 月末とする．
[*5] 輸入乳製品より造ったプロセスチーズを含む．
資料：ZMP，IDF 国際委員会，FAO，EUROSTAT.

表 3.18 各国のチーズ消費量[14]

国　名	消　費　量（kg/人・年）			増加率
	①1968	②1990	③1998	③/①
フィンランド	3.2	11.2	17	5.3
ニュージーランド	3.6	7.6	8.2	2.3
オランダ	8.8	13.4	16.6	1.9
イギリス	4.7	8.6	9.7	2.1
デンマーク	8.9	14.8	16.4	1.8
アメリカ	4.2	13.2	13.1	3.1
フランス	10	15.3	23.6	2.4
ド イ ツ	4.7	103	20.5	4.4
イタリア	7.7	18.6	19	2.5
日　本	0.13	1.2	1.6	7

3. 牛乳, 乳製品の生産と消費の変遷

表 3.19 各種練乳の年度別生産量 (t)[4)-9)]

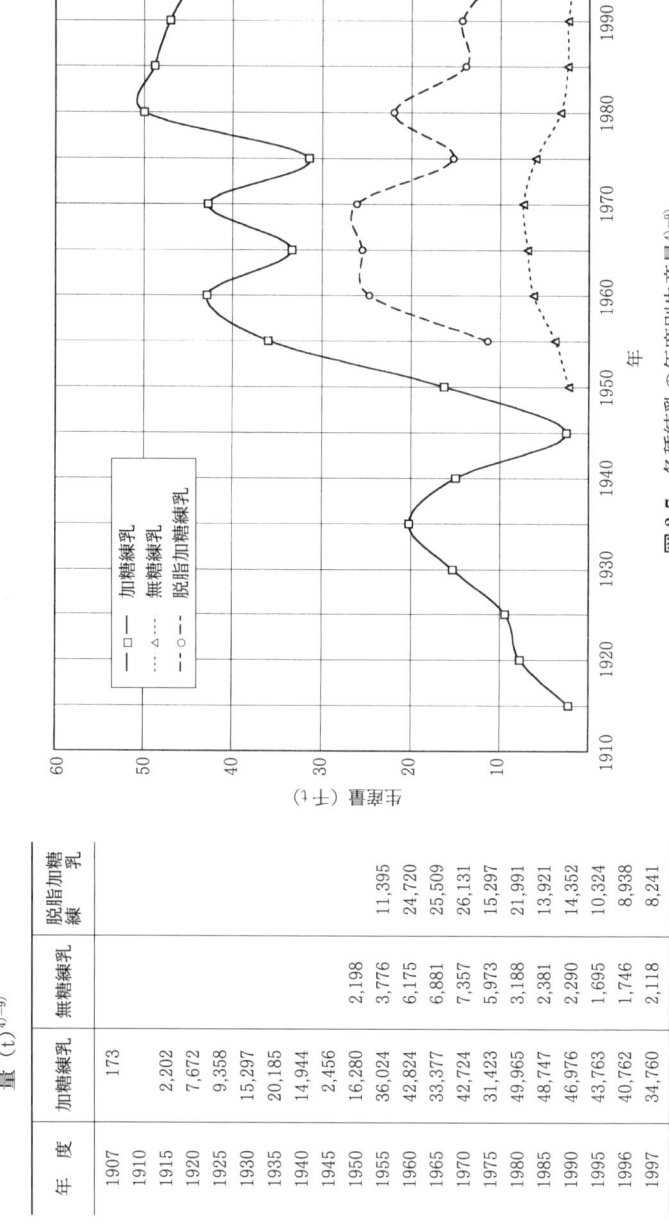

年 度	加糖練乳	無糖練乳	脱脂加糖練乳
1907	173		
1910			
1915	2,202		
1920	7,672		
1925	9,358		
1930	15,297		
1935	20,185		
1940	14,944		
1945	2,456		
1950	16,280	2,198	
1955	36,024	3,776	11,395
1960	42,824	6,175	24,720
1965	33,377	6,881	25,509
1970	42,724	7,357	26,131
1975	31,423	5,973	15,297
1980	49,965	3,188	21,991
1985	48,747	2,381	13,921
1990	46,976	2,290	14,352
1995	43,763	1,695	10,324
1996	40,762	1,746	8,938
1997	34,760	2,118	8,241

図 3.7 各種練乳の年度別生産量[4)-9)]

表 3.20　各国の練乳生産量（1910年代）[15]

国　名	年	生産量（t）
オーストラリア	1916	20,563
カナダ	1918	35,914
フランス	1902	2,111
日本	1911	540
ニュージーランド	1918	2,792
ノルウェー	1914	14,000
スイス	1914	54,564
アメリカ	1919	88,985

いる．輸入はこの間，2,000～5,000t台を上下している．このようなことから，わが国における練乳工業は1919年（大正8年）頃より，ようやく家内工業から脱皮し，工場らしい所でやや大量に生産され始めたものと推定される．

また，1916年（大正5年）より外国に輸出を始め，1920年には輸入量の70%，約1,800tを輸出している．昭和に入ってからは8年まで10,000t台，10年より14年まで20,000t台を生産し，1937年（昭和12年），戦前では最も多い約24,000tを生産している．輸出は国策によって主として東南アジアに1,000tより8,000tまで，急激に増加させている．輸入は4,000t台から徐々に減少し，1935年には100t台になり，1945年（昭和20年）の終戦時までほとんどない．1940年から1945年までは戦争の影響を受け，1915年（大正4年）の生産量とほとんど同じ2,400t台に減少している．戦後は酪農振興により急激に生産量が増加し，1952年（昭和27年）には戦前の最も生産量の多かった1937年と同じ24,000t台に回復している．その後激増し，1957年（昭和32年）に52,000tとわが国練乳史上最高の生産量を記録している．しかし，1980年（昭和55年）の50,000tから1997年（平成9年）には35,000tに減少している．加糖練乳は缶入りよりチューブ入りに変わり，イチゴなどフルーツにかけて使用するようになった．したがって，その生産量の減少率は無糖練乳，および脱脂加糖練乳より少なかった．

3.8.2　その他の練乳（日本）

無糖練乳は昭和40年代，コーヒー用ミルクとして主に使用され，1970年

（昭和45年）に最高生産量7,357tを記録したが，植物性ポーションパッククリームが出回るようになり，次第にその役割が失われ，わずか2,000t台の生産量となった．脱脂加糖練乳は，アイスクリームの副原料として用いられ1980年に最高生産量26,000tを記録したが，その取り扱いの難しさから（たん白質が多いためゲル化しやすい）次第にその役割を失い，8,000t台まで減少している．

3.8.3 世界の練乳

世界規模での練乳生産量は200万t（1997年）で，主な国の生産量を表3.21に示す．長期的にみると，わずかに生産量が減少している．その原因は東欧地域における減少である．日本も1994年（平成6年）より次第に減少している．

表3.21 各国の加糖および無糖練乳の生産量（千t）

国名 \ 年	1994	1995	1996	1997
EU 15か国	1203.2	1248.3	1220.8	1263.6
ロシア	235.0	210.0	—	—
ウクライナ	—	67.2	58.0	51.4
カナダ	82.4	86.4	96.9	104.5
アメリカ[*1]	244.0	220.3	211.8	255.3
中国	50.0	51.8	60.0	—
オーストラリア[*2]	106.5	—	—	—
日本	56.5	58.2	52.8	45.6

*1 缶入り練乳．
*2 6月末年度．
資料：ZMP, IDF, FAO.

3.9 粉乳の生産と消費の変遷

3.9.1 全脂粉乳（日本）

わが国における粉乳製造は開拓使簿書〔1872年（明治5年）より1886年（明治19年）まで〕によると，北海道七重勧業試験場において1872年に736匁（2.8kg），1886年に1貫700匁（6.4kg）を製造したとされているが，今日の粉乳と同種のものか疑わしい．この後1911年（明治44年）より製造した

記録があるが，やはり kg 単位で，全く家内工業の域を出ていなかったように考えられる．初めてトン単位で生産されたのは 1919 年（大正 8 年）で 42t という記録がある．しかし 1929 年（昭和 4 年）に至るまで，国内生産量に対し，輸入量が常に多く，2～7 倍の比率を示していた．1930 年（昭和 5 年）に初めて国内生産量が輸入量を上回るようになった．その後生産量は漸増し，1939 年（昭和 14 年）に 1,000t を越え，1943 年（昭和 18 年）には戦争中であったが 3,000t をマークした．その後，第二次世界大戦の影響を受け，1949 年（昭和 24 年）まで低迷していたが，1950 年（昭和 25 年）には 3,800t をマークし，戦前を上回る生産量を示した．その後 1955 年（昭和 30 年）まで漸減し，1,500t 台となったが，この年を底辺として飛躍的に生産が増加し，1965 年には脱脂粉乳と大体同じ生産量の 26,000t を示すに至った．そして 1969 年（昭和 44 年）には 30,000t を越えた．この原因は還元牛乳，製菓原料などの需要増加によるものと考えられる．1969 年より 1996 年まで 20,000～36,000t を上下している．1997 年（平成 9 年）に 20,000t を下回り，18,000t となり，漸減傾向を示している．これは全脂粉乳は脂肪を有しているので保存管理が脱脂粉乳より難しいためと考えられる．

3.9.2　脱脂粉乳（日本）

　わが国における脱脂粉乳の生産は第二次世界大戦後に始まったといってよいであろう（表 3.22）．戦後の食糧難の時代にアメリカより大量の脱脂粉乳が学校給食に放出され，学童の栄養向上に貢献した．この時代（1945～1949 年），約 50,000t の脱脂粉乳がアメリカより輸入された．それまで脱脂乳は農家の子牛用の還元牛乳として利用されているに過ぎなかった．しかし，脱脂乳が栄養上良質のたん白質を含み，優れた栄養物であることが認識されて，これを乾燥して粉にしたいという要望が強まったのであった．そこで 1950 年（昭和 25 年）より本格的に脱脂粉乳が生産されるようになった．この年は 264t に過ぎなかったが，1965 年（昭和 40 年）に 25,000t（約 100 倍），1971 年（昭和 46 年）には 70,000t（約 260 倍）を越えるという急激な生産量の増加となった．乳製品の中で脱脂粉乳が最も顕著な生産量の増加を示したといえよう．戦後，牛乳生産量の増加に比例し，バターおよび無脂乳固形である脱

3. 牛乳，乳製品の生産と消費の変遷

図 3.8 各種粉乳の年度別生産量[4)-9)]

表 3.22 各種粉乳の年度別生産量 (t)[4)-9)]

年 度	全脂粉乳	調製粉乳	脱脂粉乳
1920	12		
1925	275		
1930	387		
1935	515		
1940	950		
1945	1,380		
1950	3,818	2,058	264
1955	1,560	10,755	4,335
1960	7,398	18,529	10,552
1965	26,371	36,691	24,768
1970	36,294	61,487	70,117
1975	24,701	68,732	74,129
1980	32,704	64,887	127,432
1985	34,866	57,345	186,418
1990	33,692	55,719	177,062
1995	29,097	39,063	194,641
1996	21,808	37,752	200,357
1997	18,378	37,146	201,997

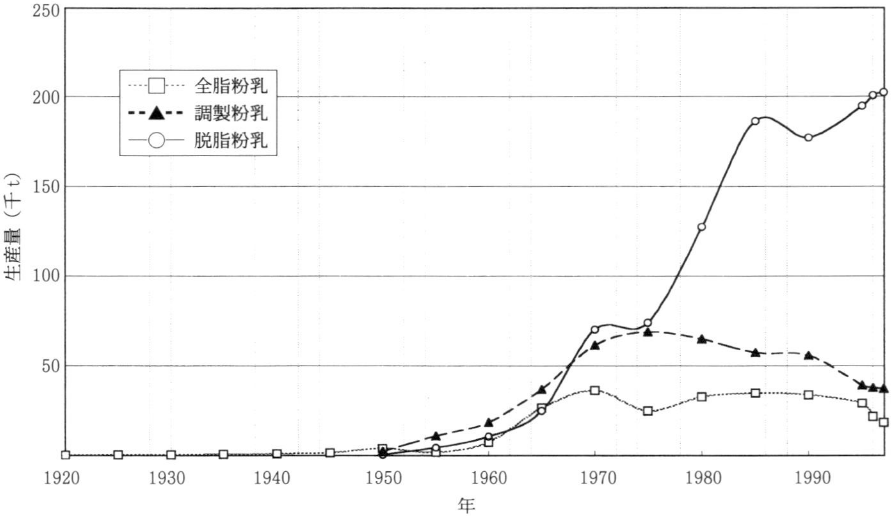

脂粉乳の需要が伸び，今日に至っている．

1980年代に入り急激な増産が見られるのは，発酵乳，製菓・製パン，低脂肪乳用（健康食品として）および乳酸菌飲料などあらゆる食品の原材料として広く用いられるようになったためと考えられる．近年，脱脂粉乳の需要が増え，オセアニア諸国より，緊急に輸入されている．

3.9.3 調製粉乳（日本）

1950年代に入り，乳業各社が本格的に小児栄養科学の研究を始めるに至り，次々と新しい育児用粉乳が開発され，高度に母乳化され，優れた製品となった．これに対応し，調製粉乳の生産量が増加し，1955年（昭和30年）当時10,000t台であったものが，1973年（昭和48年）には92,000tに達した．しかし，1974年以降は減少し始め，1980年代に50,000t台，1990年代に入り少子化の影響で36,000tを上下し，1973年度生産量の39％に減少し，1960年代と同じような生産量になった．

出生数をみると，1980年（昭和45年）の約200万人に対し1997年（平成9年）には約120万人と約40％減少しており，調製粉乳生産量の減少は出生数に比例していることが分かる．

3.9.4 世界の粉乳

(1) 全脂粉乳

世界の生産量は240万t（1997年）である．1994年と比較し，EU，中国，

表3.23 世界各国の全脂粉乳の生産量
(単位：万t)[14]

国名＼年度	1994	1997
EU	98.1	90.7
ニュージーランド	33.2	35.0
中　国	32.0	42.0
日　本	2.9	1.9
その他の国	0.7	60.4
世界合計	166.9	230.0

表3.24 世界各国の脱脂粉乳の生産量
(単位：万t)[14]

国名＼年度	1994	1997
EU	122.3	113.6
アメリカ	56.3	54.5
オーストラリア	21.0	24.9
日　本	18.4	20.0
ニュージーランド	13.8	20.0
その他の国	60.0	36.0
世界合計	291.8	270.0

アルゼンチン，ニュージーランドでは若干増加している．

(2) 脱脂粉乳

世界の総生産量は270万t（1997年）である．対前年比3％の増産であり，これは1995年以降初めてのことである．脱脂乳は他の乳製品の脂肪調整やカゼイン生産に利用される．したがって，脱脂粉乳の増産量（生乳の増産率－チーズの増産率）としての生乳量と対応しない．また，最近では乳脂肪の一部を植物脂で置換した粉乳類が増えており，全脂粉乳，脱脂粉乳の生産量を抑制する因子となっている．

3.10 ホエー粉，カゼインの生産

3.10.1 ホエー粉

大規模工場におけるチーズの生産が増加するにつれ，ホエーを飼料用以外の用途に利用する方法が必要となる．つまりホエー粉，乳糖，WPC（whey protein concentrate, ホエーたん白濃縮物）などの生産が増加する．ホエーの生産量は世界合計（EUを含む）で130万t（1999年）に達している．その内訳は表3.25のとおりである．この表に示されているホエー粉数量は約69万tであるが，実際には各国で少量生産された量を総合して130万tとなる．

日本ではナチュラルチーズの生産は雪印乳業以外きわめて少なく，したがってホエーの生産量は少ない．雪印乳業ではこのホエーを脱塩，濃縮，乾燥して育児用粉乳に有効利用している．他のメーカーはEU，アメリカよりホエー粉を輸入し，育児用粉乳に利用している場合が多い．

表3.25 世界のホエー生産量（千t）[14]

	液状ホエー	ホエー粉	乳糖	カゼイン
世　界	53,000			
アメリカ	33,000	539	550	250
ニュージーランド	3,000			
カ ナ ダ	3,000	150		
オーストラリア	3,000			

3.10.2 カゼイン

わが国の1926年（昭和元年）から1949年（昭和24年）までのカゼイン生産実績を表3.26に示す．表より，わが国で最も生産量が多かったのは1944年（昭和19年）で，約1,500tであった．これは第二次世界大戦の末期に木製飛行機の接着剤として増産されたためである．戦後（1946年）は約50t，1949年は30tとなり，やがて日本ではカゼインは生産されなくなった．

最近（1991〜1998年）の世界のカゼイン輸出入量を表3.27，表3.28に示す．世界全体の輸出量は150,000〜180,000tで，ニュージーランドがその約1/2の70,000〜80,000tを輸出し，世界一の輸出国となっている．輸入量も世界全体で150,000〜180,000tで，その約1/2の70,000〜90,000tをアメリカが輸入している．日本は約20,000tを輸入し，アメリカに次ぐ輸入量（EUを除く）となっている．現在，日本ではカゼインを生産していないので，この

表3.26　わが国のカゼイン生産実績（単位：kg）[16]

年　度	全　国	本　州	北　海　道
1926（昭和元）	60,000	60,000	0
1930（昭和 5）	69,000	57,159	11,841
1935（昭和10）	192,400	151,146	41,254
1940（昭和15）	550,544	95,582	454,962
1941（昭和16）	482,053	107,613	374,440
1942（昭和17）	531,891	61,082	470,809
1943（昭和18）	571,644	89,393	482,251
1944（昭和19）	1,471,560	264,425	1,207,135
1945（昭和20）	1,015,343	162,547	852,796
1946（昭和21）	503,245	37,794	465,451
1947（昭和22）	333,700	30,173	303,527
1948（昭和23）	326,033	47,301	278,732
1949（昭和24）	323,657	101,185	222,472

表3.27　世界のカゼイン輸出量（単位：千t）

年　度	1991	1992	1993	1994	1995	1996	1997
世界全体	156	177	145	160	160	155	150
EU	75	89	60	60	65	62	60
ポーランド	12	14	11	8	4	2	0
ニュージーランド	66	70	66	88	77	75	75
その他	3	5	8	5	15	16	15

資料：アメリカ乳製品輸出協会，Milk Fact '99．

表 3.28 世界のカゼイン輸入量（単位：千t）

年度	1991	1992	1993	1994	1995	1996	1997	1998
世界全体	168	156	177	145	160	160	155	150
EU	66	59	54	59	87	68	47	―
アメリカ	85	86	91	76	89	70	78	―
日本	21	20	23	20	22	23	20	―

資料：アメリカ乳製品輸出協会，Milk Fact '99.

輸入量ですべての需要を賄っていることになる．

3.11 アイスクリームの生産と消費の変遷

3.11.1 日本の場合

表 3.29，図 3.8 に 1950年（昭和 25 年）（これ以前の記録はない）より 1997年（平成 9 年）までの約 50 年間のアイスクリーム生産量の推移を示す．図 3.8 から分かるように，1950年より1964年までアイスクリームは急激に伸び約30万klに達したが，これ以降1970年にかけて18万klに減少した．さらに1971年に4万klに急激に減少した．これは乳等省令の変更により，この年より脂肪率8%以上をアイスクリームといい，これ以下の脂肪率のものをラクトアイス，アイスミルクと呼称するようになったからである．

1980年代より，生産量は10万〜16万klの間で小幅な増減を繰り返し上昇傾向は見られない．

3.11.2 世界の場合

世界各国のアイスクリーム生産量を表3.30に示す．世界で最も消費量の多い国はアメリカである．ここ20年間の消費量は310万〜350万klで，あまり変動がない．1人1日当たりの消費量は36mlである．日本は0.81mlであるので，日本人の約45倍の消費量となる．

参考文献

1) 農林水産省編：農林統計50年史（1987）

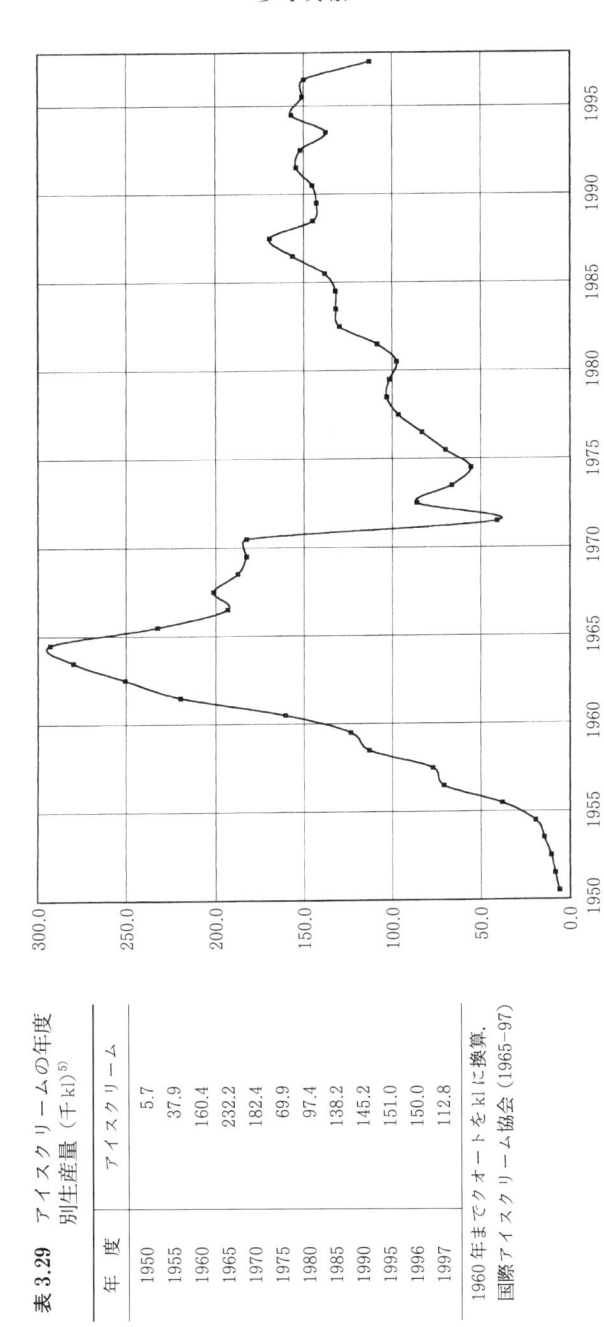

表 3.29 アイスクリームの年度別生産量(千kl)[5]

年度	アイスクリーム
1950	5.7
1955	37.9
1960	160.4
1965	232.2
1970	182.4
1975	69.9
1980	97.4
1985	138.2
1990	145.2
1995	151.0
1996	150.0
1997	112.8

1960年までクオートをklに換算.
国際アイスクリーム協会(1965-97)

図 3.9 アイスクリーム生産量の推移[5)-9)]

表 3.30 世界各国のアイスクリーム生産量（単位：千 kl）[17]

国名＼年	1980	1985	1990	1991	1992	1993	1994
南アフリカ	47	57	60	62	61	65	63
アメリカ	3,141	3,118	3,412	3,496	3,514	3,339	3,146
ブラジル	95	78	112	140	109	116	114
日本	99	135	144	155	154	140	153
韓国	61	45	111	133	127	134	121
ベルギー	51	73	111	125	117	74	—
フランス	154	193	292	287	302	323	356
ドイツ	190	173	238	—	312	281	316
イギリス	178	209	339	344	—	—	—
スウェーデン	67	54	58	57	66	63	—
スペイン	95	120	110	129	119	—	—
ロシア	—	—	—	425	251	263	253
オーストラリア	213	202	197	192	195	193	—
ニュージーランド	57	57	—	—	—	—	—

資料：日本アイスクリーム協会．

2) 農林水産大臣官房調査課：食糧需給表（平成10年度）
3) 週刊朝日編：朝日新聞社・値段史年表（1988）
4) 雪印乳業史編纂委員会：雪印乳業史，第1巻（1960）
5) 雪印乳業史編纂委員会：雪印乳業史，第2巻（1961）
6) 雪印乳業史編纂委員会：雪印乳業史，第3巻（1969）
7) 雪印乳業史編纂委員会：雪印乳業史，第4巻（1975）
8) 雪印乳業史編纂委員会：雪印乳業史，第5巻（1985）
9) 雪印乳業史編纂委員会：雪印乳業史，第6巻（1995）
10) 経済安定本部：戦前，戦後の食糧事情（1950）
11) 農林水産省大臣官房調査課：食糧需給表（昭和47年度）
12) 食品産業センター：食品産業統計年報（1994）
13) 農林水産省統計情報部：牛乳，乳製品統計（1998）
14) 日本国際酪農連盟：世界の酪農状況（1980-95）
15) 津野慶太郎：牛乳衛生警察，長隆舎書店（1909）
16) 井門和夫：カゼイン技術史，雪印乳業（1993）
17) アイスクリームデータブック，アイスクリーム新聞（1995）

4. 単位操作としての乳加工技術の発展

　乳加工技術は，各種の機械装置やいろいろな手法を用いるので複雑に見えるが，基本的には次の7通りに分けることができる．
　1) 加熱，冷却：プレート式熱交換器を用い，乳を殺菌，冷却する．
　2) 遠心分離：比重差によりクリームと脱脂乳に分ける．さらにクリームを撹拌しバターとする．
　3) 濃　　縮：乳を濃縮し，加糖または無糖練乳，全脂または脱脂濃縮乳とする．
　4) 乾　　燥：乳を乾燥させ全脂，脱脂，育児用ホエーなどの粉乳とする．
　5) 凝乳化(酵素)：仔牛の第4胃から採った凝乳酵素（レンネット）の働きでチーズとする．
　6) 凝乳化(発酵)：乳酸発酵による凝乳化によりヨーグルト，クミス，ケフィールなどとする．
　7) 冷　　凍：乳固形+香料+砂糖などの混合液を冷凍しアイスクリームとする．

　また，牛乳，乳製品の製造工程を単位操作*として捉え，代表的製造例としてバターとチーズについて示すと表4.1，表4.2のようになる．
　この例から分かるように，バター製造工程では"分離"，"熱交換"，"混合"などの物理的操作よりなり，また，チーズやヨーグルト製造工程では，乳酸菌という微生物とレンネットという酵素の働きによっている．特に熟成工程は，5～12℃の低温・常圧のもとで行われ，化学反応のように高温・高圧で急激に行われる工程とは異なる．

---

　* 化学工業では，原材料に対して抽出，分離，蒸発，乾燥などの操作を行い製品とするが，これら一つ一つの工程を単位操作（unit operation）と呼んでいる．

4. 単位操作としての乳加工技術の発展

表 4.1 バター製造の単位操作

単位操作	機　能
液-液分離	牛乳からクリームの分離
蒸留（水蒸気）	クリームから飼料臭の除去
熱交換	クリームの殺菌
結晶	脂肪の一部を結晶化させるためのエージング
相転換	脂肪の粒状化
液-固体の分離	バターミルクの除去
練圧	ワーキング（練り）
混合	塩の混合
包装	消費者用に包装

表 4.2 チーズ（チェダー）製造の単位操作

単位操作	機　能
熱交換 連続反応	殺菌のための連続加熱
混合	スターターとレンネットを加える
反応 伝熱と反応	カードのセッティング（静置） カードのクッキング（加熱）
液-固体の分離	カードからホエーを除去
混合 反応と延伸	カードの撹拌 チェダーリング（カード粒子を層にして重ね静置する）
混合	塩の添加
整形	カードをフープに入れ圧縮
機械的ハンドリング	フープよりチーズを除去 一定温度で貯蔵，熟成
包装	包装

　このように，乳加工は主として物理的操作と微生物や酵素を用いた発酵作用よりなっている．

4.1　乳加工技術の発展

　わが国の乳加工技術を歴史的に大別してみると次のようになる．
　1）　手造りの時代　　　　　　　：1901～1945年，少量生産

2) 手動機械の時代　　　　　：1946〜1955 年，少量生産
3) 機械化時代（回分式）　　：1956〜1965 年，生産量の増大
4) 自動化時代（連続式）　　：1966〜1975 年，大量生産
5) 高度な連続式・自動化時代：1976 年〜現在，高効率・大量生産

1) の「手造りの時代」は，まさに試行錯誤で乳加工が行われた．この時代の乳加工は加糖練乳，バター製造が主で，いかに良質の製品を造るかということで苦心した．

2) の「手動機械の時代」は，第二次世界大戦により全ての技術が失われたため，戦後，欧米各国より技術を導入し，指導を受けながら徐々に技術を確立した．

3) の「機械化時代」は，回分式（batch system）でありながら，随所で機械化がなされ，生産能力と効率が向上し，導入技術の応用と改良が始まった．

4) の「自動化時代」は，日本独自の乳加工技術が開発され，連続式の自動制御システムでの生産が始まった．しかし一方では，生産資材の高騰や乳製品の需要減退により酪農家の大幅な減少が起こった．

5) の現在に至る時代は，レベルの高い自動制御が行われるようになり，高効率，高生産量の製造が可能になった．しかし，この間に食生活は大きく変化し，より安全な食品や環境への配慮を求める消費者の声，また制度の改正により，乳製品製造メーカーには，現場技術の改良とアップデートな新製品開発が求められるようになった．また，乳加工における省エネルギー（乳加工は熱エネルギー消費量が多い），紙容器などのリサイクルを含めた総合的な環境対策や HACCP（Hazard Analysis Critical Control Point System，危害分析・重要管理点方式）のシステム構築などが必要とされるようになってきた．

4.1.1　乳加工における貢献度の高い技術

20 世紀の乳加工技術の中で特に貢献度の高い技術は何か？と，ミシガン州立大学食品科学科教授のトラウト（Trout）博士[1]は，アメリカ酪農科学会誌でアンケートを求めた．その結果を表 4.3 に示す．乳業の基礎技術では，

順位5番までは19世紀末から20世紀初頭にかけて確立されている．また，乳製品製造技術では，順位5番までいずれも20世紀初頭より技術が開発されている．表より低温殺菌，遠心クリーム分離機，牛乳の濃縮，乾燥，冷蔵などの乳加工技術が上位にランク付けされていることがわかる．

表4.3 アメリカの乳業，酪農生産，乳製品製造への貢献度調査[1]

乳業 (Dairy Industry) の基礎			酪農生産 (Dairy Production)			乳製品製造 (Dairy Manufacturing)		
順位	事項（年代）	得票率%	順位	事項	得票率%	順位	事項	得票率%
1	遠心式クリーム分離器（1878）	65.3	1	人工授精	57.6	1	牛乳の噴霧乾燥	45.5
2	低温殺菌（1856～1900）	61.3	2	機械搾乳	49.2	2-1	ガラス牛乳瓶	36.4
3	バブコック試験（1890）	58.7	3	飼養標準の確立	45.8	2-2	牛乳紙容器	36.4
4	冷蔵の機械化（1851～1870）	45.3	4	牛乳改良協会	44.1	4	牛乳の均質化処理	30.9
5	牛乳の濃縮（1853）	32.0	5-1	畜舎牧場施設の近代化	40.7	5-1	牛乳の濃縮	23.6
6-1	人工授精（1935～1955）	26.7	5-2	疾病の根絶	40.7	5-2	連続式アイスクリームフリーザー	23.6
6-2	牛乳の均質化処理（1920）	26.7	5-3	サイロとサイレージ	40.7	7	プロセスチーズ製造	21.8
8	栄養学の進歩・ビタミンの発見（1915～1925）	25.3	8	開放牛舎，搾乳舎，パイプミルカー	35.6	8-1	遠心式クリーム分離器	20.0
9	ツベルクリンテスト（1890）	21.0	9	バルクタンク	30.5	8-2	インスタントミルク	20.0
10	牛乳改良協会の検定（1905）	20.0	10	純系乳用牛管理機関の設立	28.8	10	冷蔵の機械化	18.2

注：アメリカ酪農科学会（ADSA）の教育研究関係の会員283名に対するアンケート調査（投票）結果による．

4.1.2 わが国の飲用乳，乳製品工場数の変遷

1) 飲用乳工場

市乳（飲用乳）工場数は，表4.4および図4.1に示すように，1955年より

表 4.4 牛乳, 乳製品工場数の変遷 (1955～1998 年)[2), 3)]

年度	市乳	加糖練乳	無糖練乳	脱脂加糖練乳	全脂粉乳	調製粉乳	脱脂粉乳	バター	クリーム	チーズ	アイスクリーム
1955(A)	3,386	103	18	79	39	20	45	378		12	
1960	3,520	101	27	81	46	17	52	221		20	170
1965	2,358	89	19	63	56	20	64	149		22	194
1970	1,818	67	18	47	61	14	56	119		20	152
1975	1,282	66	14	41	48	14	61	91		23	92
1980	1,118	60	19	27	45	10	53	70		23	89
1985	985	46	15	20	43	7	53	86	84	44	89
1990	930	44	16	22	36	7	49	76	102	73	96
1995	836	39	18	20	35	7	43	68	91	76	113
1996	829	37	19	20	32	7	42	67	95	80	123
1997	813	37	16	21	28	8	40	70	93	82	136
1998(B)	803	39	14	19	28	9	43	69	93	83	131
比率 B/A (%)	23.7	37.9	77.8	24.0	71.8	45.0	96.0	18.3	110.7 (98/85)	691.7	77.1 (98/60)

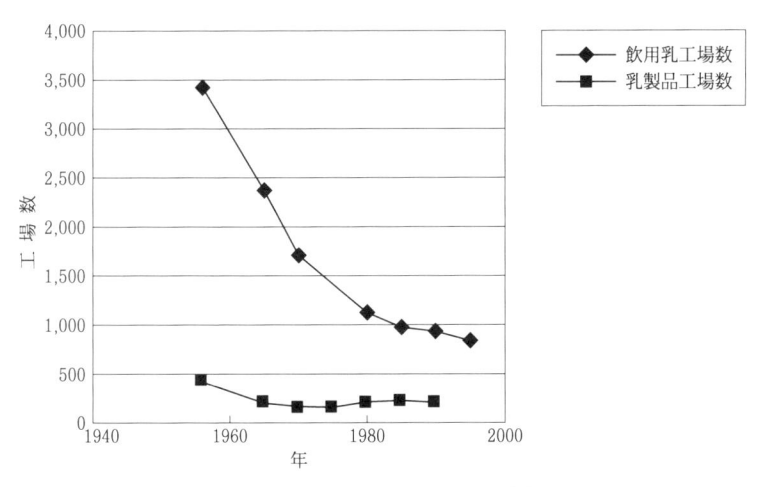

図 4.1 乳業の工場数の変化[2), 3)]

1998年までの43年間で約76%減少した．これは地域社会にあった牛乳処理量の少ない工場が経営面から淘汰され，大きな工場へと集約化されたためと考えられる．この43年間に，技術的にはHTST殺菌システム，UHT殺菌システム，CIP洗浄，空気作動制御バルブなどが開発され，コンピューター

によるオンライン制御が可能となり，かなり労働生産性は向上した．

2) 練乳工場

1955年より1998年の間に，加糖練乳工場数は62％，脱脂加糖練乳工場数は76％減少した．加糖練乳は牛乳に約50％の砂糖を加えたもので，第二次世界大戦中および戦後10年位まで最も需要の多い乳製品であった．しかし近年，各種の甘味食品が出回り，また健康面から甘味食品の需要が低減しているため，加糖練乳の消費量も漸減傾向にある．脱脂加糖練乳は，たん白含量が全脂加糖練乳に比べて多く，貯蔵中にゲル化しやすいという技術上の問題があるため大きく減少したものと考えられる．無糖練乳はもともと消費量が少なく，また近年，植物性クリーム入りポーションパックが流行し需要が伸びず，工場数はほとんど変化がない．

3) 粉乳工場

工場数は全般的に漸減傾向にある．加糖粉乳は需要がなくなったため1986年に工場数は0となった．1998年までに全脂粉乳工場が28％減，調製粉乳工場が55％減，脱脂粉乳工場が3.4％減となっている．脱脂粉乳工場数の減少が少ないのは，生産量が非常に増加しているためである．粉乳工場の工程は自動制御がしやすく，ラインの大型化が比較的簡単なために集中化による大量生産方式に変わった．全脂粉乳は脱脂粉乳に比較して脂肪が多いので変質しやすく，需要が減少したため，その工場数の減少につながったものと考えられる．

4) バター工場

1955年より1998年の間に工場数が81.7％減少した．これは従来，回分式のバターチャーンで製造していたものが，連続式バター製造機に変わったためと考えられる．前者が4～5時間かけて1,000～2,000ポンド（450～900kg）の能力しかなかったのに対して，後者は3,000～5,000kg/hの生産能力があり，能力が30～50倍に上昇したために，大量生産と工場の集約化が可能になった．1986年に日本では連続式バター製造機にほぼ切り替わっているので，この年以降，工場数の減少率は低下していたが，最近の10年間に20工場が減少している．

5) クリーム工場

1955年と1998年を比較すると,その間に工場数は2倍に伸びている.これは業務用クリームの需要が増加したこと,特に輸送技術の向上により品質を低下させることなく広域流通が可能になったためと考えられる.

6) チーズ工場

1955年から43年間で約7倍になった.これはチーズに対する需要が大きくなったためと考えられる.工場の規模も大型化され,機械化が進んでいる.乳製品の中で唯一,生産量が増加していく製品と考えられる.

7) アイスクリーム工場

1960年から1998年までに工場数が33%減少した.しかし,1986年から1997年の間に約20%工場数が増加している.これは,アイスクリーム事業に新しい視点で参入するメーカーが増えたためと考えられる.

4.1.3 牛乳,乳製品工場の生産性

1) 飲用乳工場

表4.5に示すように,1955年における1工場当たりの処理量は331tであったのに対し,40年後の1995年には6,226tとなり,約19倍に処理量が増加している.しかし,わが国の飲用乳工場の1工場当たりの処理量は,欧米の乳業先進国と比較すると1桁少ない量である.したがって将来,飲用乳工場については統合し,大型化しなければならないものと考える.

表4.5 飲用乳工場の生産性[2), 3)]

年度	工場数	生産量 (万t)	生産性 (t/工場・年)	生産性比較
1955	3,386	112	331	1
1960	3,520	183	520	1.6
1965	2,358	215	912	2.8
1970	1,818	318	1,749	5.3
1975	1,262	401	3,177	9.6
1980	1,118	430	3,846	11.6
1985	985	509	5,168	15.6
1990	930	515	5,538	16.7
1995	836	518	6,196	18.7

2) 乳製品工場

表 4.6 に示すように，1955 年における 1 工場当たりの処理量は 1,869 t で飲用乳工場の処理量の約 6 倍であった．1995 年には 16,085 t で約 9 倍になった．飲用乳工場に比べ約 2.6 倍の処理量であり，乳製品工場は大型工場が多いことを示している．

1955 年より 1995 年までの 40 年間の製品別の乳製品工場の生産性を見ると（表4.7），加糖練乳，全脂粉乳，調製粉乳工場などは 2.2～2.9 倍，チーズ工場は 1.03 倍であるが，バター工場は 71.8 倍，脱脂粉乳工場は 53.4 倍と生産性の向上が著しい．ただし，チーズ工場は 1975 年（昭和 50 年）に生産性が最大になり，その後（1985～1995 年），中小メーカーの参入が増え生産性が 1995 年当時まで低下した．バター工場は 1966 年に連続式バター製造装置がヨーロッパより導入され，飛躍的に生産性が向上した．処理工場数が 1/2 に減少し，生産量の方は 4 倍になったためと考えられる．最近の脱脂粉乳製造

表 4.6 乳製品工場の生産性[2), 3)]

年度	工　場　数	乳製品用原料乳量 (万 t)	生　産　性 (t/工場・年)	生産性比較
1955	412	77	1,869	1
1960	269	100	3,717	2.0
1965	211	125	5,924	3.2
1970	193	196	10,160	5.4
1975	169	171	10,118	5.4
1980	166	231	13,916	7.4
1985	208	302	14,519	7.8
1990	228	299	13,114	7.0
1995	212	341	16,085	8.6

表 4.7 製品別乳製品工場の生産性 (t/工場・年)[2), 3)]

	加糖練乳	全脂粉乳	脱脂粉乳	調製粉乳	チーズ	バター
1955 (A)	385	326	83	—	1,292	17
1965	415	430	390	2,664	1,838	161
1975	445	515	1,215	5,000	2,873	429
1985	1,060	825	3,424	8,037	1,582	1,058
1995 (B)	1,102	873	4,428	5,892	1,330	1,220
B/A	2.86	2.68	53.35	2.21 *	1.03	71.76

* 1995/1965.

工程は，原料乳の遠心分離から始まり，殺菌，濃縮，乾燥，充填包装の工程が連続した流れで自動制御されている．従業員は監視要員のみでほとんど人手を要しないので，脱脂粉乳工場は装置産業に近似してきた．また，大型の噴霧乾燥機の導入により生産性を向上させてきたために約120倍のスケールアップになった．全脂粉乳，全脂練乳は共に生産性は向上していない．工場数は1/2に減少しているが生産量が増えないことによる．調製粉乳工場の減少は，出生児の減少による減産と工場の大型化によるものと推察される．粉乳工場は乳業の中で生産性が高く，労働生産性を比較しやすいので1950年と1995年を比べてみると次のとおりである（雪印乳業の平均的粉乳工場）．

年度	従業員（人）	処理量(kg/日)	1人当たり処理量(kg)
1950	100	9,000	90
1995	30	500,000	16,667

このように，1人当たりの処理量で比較すると約185倍に増えている．しかし，酪農国ニュージーランド，オーストラリア両国と，日本最大の集乳量を持つ，よつ葉乳業の十勝工場とを比較すると，1工場当たりの生産性には約2倍の開きがある．

ニュージーランド	50万〜70万 t/年
オーストラリア	50万〜70万 t/年
よつ葉十勝工場	約40万 t/年
雪印乳業幌延工場	約25万 t/年

表4.8は，日本とヨーロッパ酪農国のそれぞれの年間牛乳生産量を工場数で割った数値を示したものである．日本は1工場当たり10,000t以下であり，最高はオランダの479,000tで，その生産性は約57倍となっている．ヨーロッパ諸国に比べて日本の牛乳処理量がいかに少ないかが理解できる．

日本は原料乳の価格が高いこと（表4.9参照）と相まって処理乳量が少ないことから，乳業メーカーの製造コストはヨーロッパやオセアニア諸国と比較すると高いことになる．日本における製造コストに占める原料乳価格の割合は，脱脂粉乳86%，原料バター81%，チーズ74%となっていて，かなり

表 4.8　世界の乳業工場の生産性比較（1991年)[4)]

国　名	年間牛乳処理量 (t/工場)*	工場数の減少率（％） (1985〜1991)	日本の処理量を1 とした場合の倍率
日　　本	10,000 以下	7	1
オランダ	479,000	37	56.8
アイルランド	106,000	67	125
デンマーク	85,000	26	11
ド イ ツ	73,000	36	8.7

* 市乳，乳製品工場数を加えた総工場数．日本は 1,048（836＋212）で総乳量 850 万 t（1995 年）を割った数字．

表 4.9　生乳の生産者価格

乳　価 (円/kg)[*1]	国　名
62〜72	日本[*2]，スイス
55〜61	エルサルバドル
50〜54	ヨルダン，ノルウェー
44〜49	カナダ，デンマーク，パキスタン，スウェーデン
37〜42	アイルランド，オランダ，イギリス，アメリカ
32〜36	ボスニア，コロンビア，コスタリカ，チェコ，南アフリカ
25〜31	ハンガリー，ペルー，ブラジル，チリ，ロシア，ポーランド
18〜24	アルゼンチン，ニュージーランド，オーストラリア，ルーマニア，インド，ウルグアイ，メキシコ

*1　1 ドル＝121 円で換算．
*2　1999 年加工原料乳価格 82.2 円/kg（日本農業年鑑 2001）
資料：FAO Dairy Outlook, June (1998)

高いので付加価値の高い乳製品の開発が必要である．このような内外価格差を縮小して競争力のある乳業にするために，どう取り組んでいくかが今後の課題である．

4.1.4　アメリカの乳製品工場の生産性の推移
1)　乳業工場数の変化

1963 年より 1992 年までの約 30 年間に，アメリカの乳業工場数がどのように変化したかを示すと表 4.10 および図 4.2 のとおりである．

(1)　バター工場

バター工場は最も工場数の減少が激しく，95.6％減となっている．1963 年頃まで，アメリカには各地方に小さなクリーマリー（creamery．牛乳から

表 4.10 アメリカにおける乳業工場数の推移[5]

年	バター工場	チーズ工場	粉乳工場	飲用乳工場
1963（A）	725	982	167	4,030
1972	201	739	172	2,025
1982	61	575	132	853
1992（B）	31	418	153	525
B/A（％）	4.3	42.6	91.6	13.0
1工場当たりの生産量(千t/年)	18.3 (50t/day)	7.5 (21t/day)	7.4 (20t/day)	47.6 (130.4kl/day)

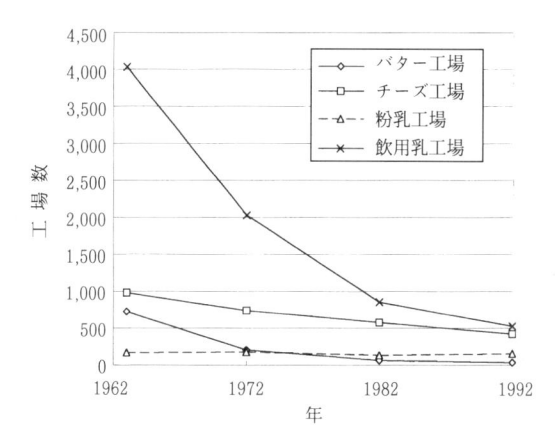

図 4.2 アメリカにおける乳業工場数の推移
（1963〜1991年）[5]

脂肪を取り小型チャーンでバターを造る所）があり，それぞれの地方でバターを造っていたが，1970年代に連続式バター製造機を導入したため大量生産が可能となり，急激に工場数が減少した[5]．1996年おけるアメリカのバター工場数は39で，バター生産量は約530,000tであるから，39工場で均等にバターを製造したと仮定すると，1工場当たり13,500t，1日当たりでは約37tとなる．つまり，5t/hの連続式バター製造機があれば約7時間で製造可能な量である．日本との生産性を比較すると表4.11のようであるが，わが国の場合，遊休のチャーンがかなりあり，実際の生産性の開きはこの表の数値の1/10，すなわち20倍程度ではないかと推定される．

表 4.11 日本とアメリカのバター製造の生産性の比較（1996年）[2), 5)]

	日　本	アメリカ
バター生産量	88,000t	525,000t
バター製造機台数	137	39*
1台当たりの生産量	642t/年	13,462t/年
		(36.9t/day)
生産性比較	1	210

＊ 1工場1台として計算．

(2) 飲用乳工場

飲用乳工場数は約87％減少している．飲用乳工場も各地に分散していたが，工場の合理化，効率化，高能力化など自動制御システムを含めた工場の近代化により集約されたと考えられる．

(3) チーズ工場

チーズ工場は最も手作業が多く，手間を掛けることにより美味しいチーズが得られるという点から工場の合理化はなかなか進まなかったが，それでも約57％の減少が見られる．これは新設のチーズ工場が大幅に近代化され，機械化と自動制御により生産量を拡大したためであろう．

(4) 粉乳工場

粉乳工場は減少率8％で，ほとんど工場数に変化がない．粉乳工場は乳製品工場の中で最も機械化が進み，装置工業的性格を帯びているので，1963年時でも工場規模はかなり大きくなっていたと考えられる．能力の向上は新しい乾燥機を導入すれば可能であるので，よほど老朽化しない限り工場を閉鎖することはないようである．

2) 乳業工場の規模の違いによる工場数割合の推移

表4.12は従業員人数により1〜19人（小規模），20〜99人（中規模），100人以上（大規模）と分類し，1963年と1992年とを比較したものである．

表 4.12 アメリカ乳業工場数の規模別による割合（％）の変化[5)]

		1〜19人	20〜99人	100人以上
バター工場	1963年	77	22	2
	1992年	47	38	16
チーズ工場	1963年	82	16	2
	1992年	45	38	16
アイスクリーム工場	1963年	64	30	6
	1992年	61	25	14
飲用乳工場	1963年	58	31	11
	1992年	32	35	33

(1) バター工場

1963年には1〜19人の工場，すなわちクリーマリーでバターを造る割合が多く77％を占めていたが，1992年では，連続式バター製造機が導入されたため，より大規模な工場の割合が増えている．

(2) チーズ工場

バター工場と同じ傾向を示し，大規模工場へのシフトが見られる．

(3) アイスクリーム工場

1963年と1992年の間にあまり大きな変化は見られない．ただ，100人以上の大規模工場での製造割合が増えている．

(4) 飲用乳工場

小規模工場での生産割合が減少し，その分が大規模工場にシフトしている．

以上の傾向をまとめると，アメリカの乳業工場は1963年以降，次第に小規模工場が減少し，大規模工場にシフトしていることが分かる．

4.2 乳加工機械の推移

乳加工機械は，この25年間（1973〜1998年）に乳業の近代化による大型機械の導入，自動制御システムの採用により大きな変動を見せている（表4.13）．まず殺菌機は，工場の集約化や装置の大型化により38％減少した（図4.3）．充填機では，ガラス瓶用が62％，ポリエチレン容器用が45％減少したが，一方，紙容器用は205％増加している．この現象は，牛乳容器の主流が紙容器になり，瓶，ポリエチレン容器から紙容器にシフトしたことを示している（図4.4）．濃縮機，冷却機，乾燥機，バター製造機は，それぞれ30％，64％，37％，20％減少している．いずれも工場の集約化と装置の大型化によるものである．クリーム分離機は40％，チーズバットは280％増加した（図4.5，図4.6）．前者はクリームの需要が多くなったため増産が図られ，後者は全国で地方独自のチーズが造られるようになったことによるものであろう．アイスクリームフリーザーは1973年より1985年まで減少傾向にあったが，それ以降は増加傾向となり，結局25年間での増減はほとんどない．最近の増加は，地方においてアイスクリームの製造者が増加したためと考えられる．

4. 単位操作としての乳加工技術の発展

表 4.13 乳加工機器数の増減

	1973 (A)	1998 (B)	A−B/A 増減率 (%)
殺菌機	2,362	1,473	−38
充填機			
瓶	1,698	641	−62
紙	464	1,415	205
ポリエチレン	129	71	−45
濃縮機	197	137	−30
冷却機	413	148	−64
乾燥機	116	73	−37
遠心分離機	230	320	39
バターチャーン	170	137	−20
チーズバット	52	197	280
アイスクリームフリーザー	476	480	0

資料：農林水産省統計情報部, 牛乳, 乳製品統計（平成 11 年度）

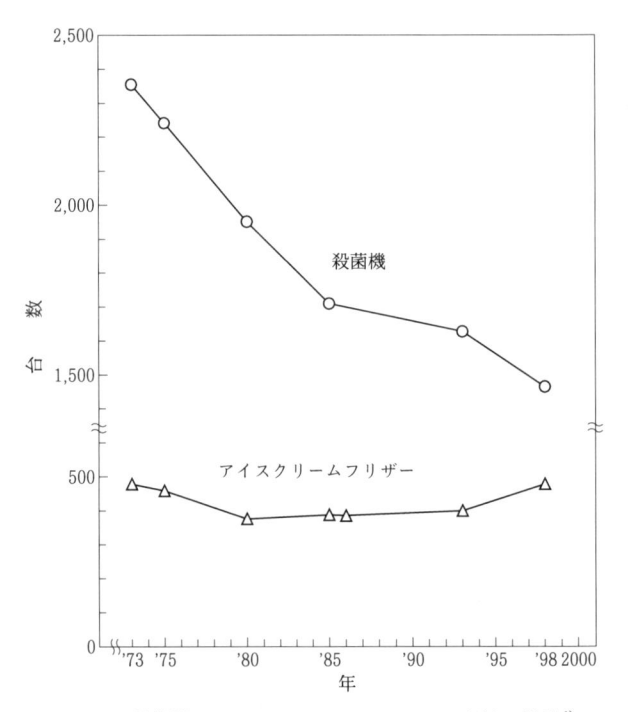

図 4.3 殺菌機, アイスクリームフリーザー台数の推移[2]

4.2 乳加工機械の推移

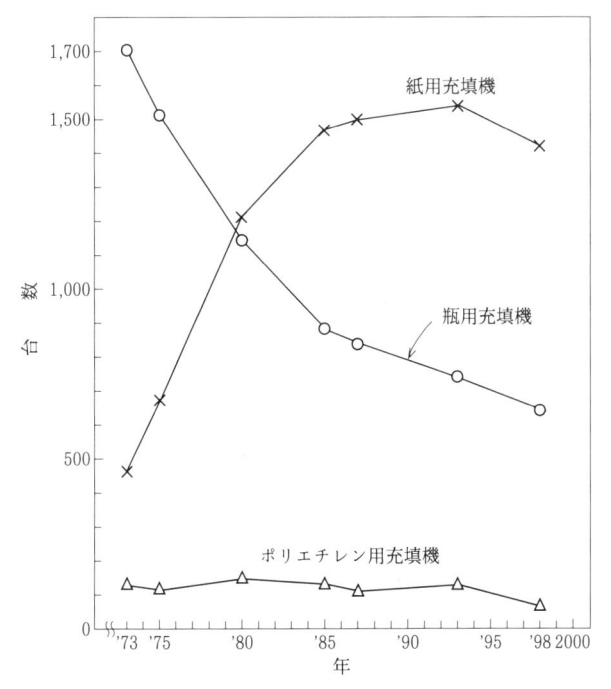

図 4.4 飲用乳用容器別充填機台数の推移[2]

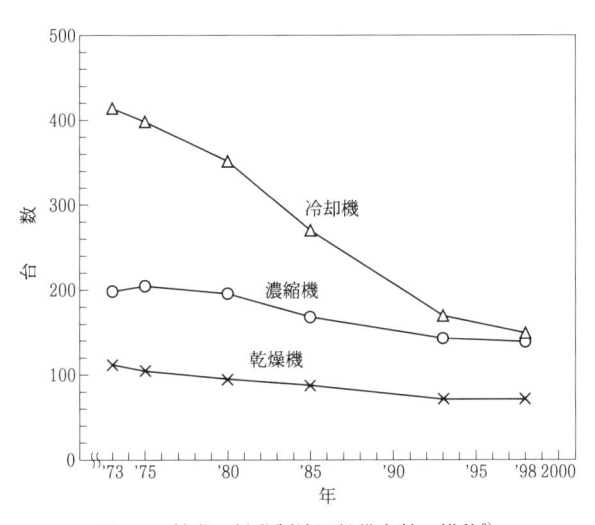

図 4.5 練乳,粉乳製造用設備台数の推移[2]

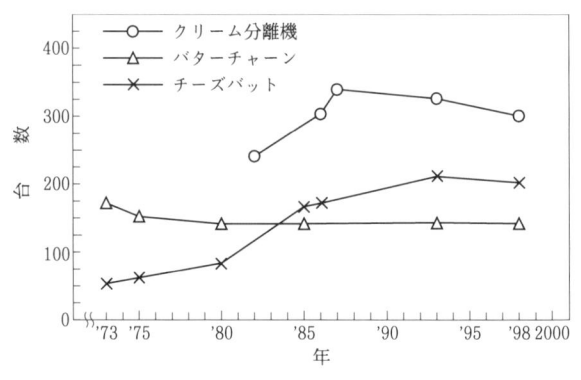

図 4.6 バター,チーズ製造用設備台数の推移[2]

4.3 殺菌 (Pasteurization) 技術

4.3.1 殺菌の定義

IDF (国際酪農連盟) の定義[6]によると,「殺菌とは牛乳中の病原微生物によって生ずる健康への悪影響をできる限り抑え,製品の物理・化学的性質の変化を最小限とする加熱処理工程である」としている.

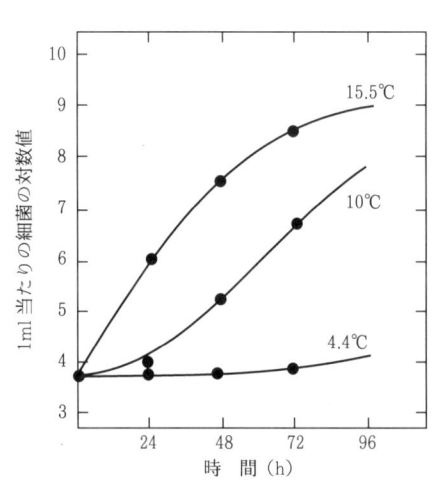

図 4.7 原料乳の保持温度,時間と微生物の関係[6),7)]

健康な乳牛から生産された牛乳の生菌数は少なく,病原菌も含まれていないはずである.このような牛乳の初発生菌数は 1,000/ml 以下であるが,しかし少しでも汚染を受けると 10^6/ml 以上に増殖する.微生物の増殖を防ぐためには低温に保持する必要がある.図 4.7 に原料乳の保持温度と微生物数の関係を示す.4.4℃に保持した場合,96 時間後もほとんど微生物は増殖しないことがわかる.殺菌

直後の生菌数は10^4〜10^5/mlであり,10^4/ml以下であれば衛生的に処理されたと言うことができる.

原料乳の汚染源は,乳房の内・外部,搾乳機や貯乳装置などである.また,病原菌は主として*Staphylococcus*や*Escherichia coli*などである.

牛乳の殺菌には以下のような温度と時間の組合せがある.

1) 低温保持殺菌(LTLT):63〜67℃,30分
2) 高温短時間殺菌(HTST):71℃,15〜40秒
3) 高温瞬間殺菌:85℃,1〜4秒
4) 超高温殺菌(UHT):135〜150℃,2〜6秒

牛乳を100℃以下の温度で殺菌すると,その酵素活性の阻害と微生物数の減少が認められる.しかし,この殺菌法は細菌を完全に死滅させるものではないので,貯蔵期間は限定される.二次汚染がない場合,日持ち期間は5〜10日である(5℃以下の貯蔵で20日).100℃以上の温度では微生物は全て死滅し,酵素は完全に不活性化される.このような滅菌牛乳は4〜6週間品質を維持できるが,若干加熱臭がある.図4.8に牛乳品質に与える熱処理の影響を示す.

4.3.2 殺菌技術の変遷[8)-10)]

加熱による殺菌法の原理を考えたのは,フランスの有名な化学者であり,微生物学者でもあったルイ・パスツール(Louis Pasteul,1822〜1895年)である.1860年より1864年にかけて,ワインやビールの変敗を防止するための実験を行い,試行錯誤の末,60〜70℃で数分間加熱処理することにより,それが可能であることを見出した.これがパスツリゼーション(pasteurization)であり,煮沸殺菌のように約100℃まで温度を上げるのではなく,比較的低温で殺菌できることに意義があるといえよう.

1875年,アメリカ・ニューヨーク市のヤコブ(Jacob)は牛乳を育児用とする場合,公衆衛生の立場からパスツリゼーション法を用いるべきであると主張した.1886年,ドイツの科学者ソックスレー(Soxhlet)は63℃よりやや高い温度を用いた家庭用牛乳殺菌器を考案した.1892年,ニューヨークのストランス(Stranse)は本格的なミルクプラントを建設して,殺菌牛乳

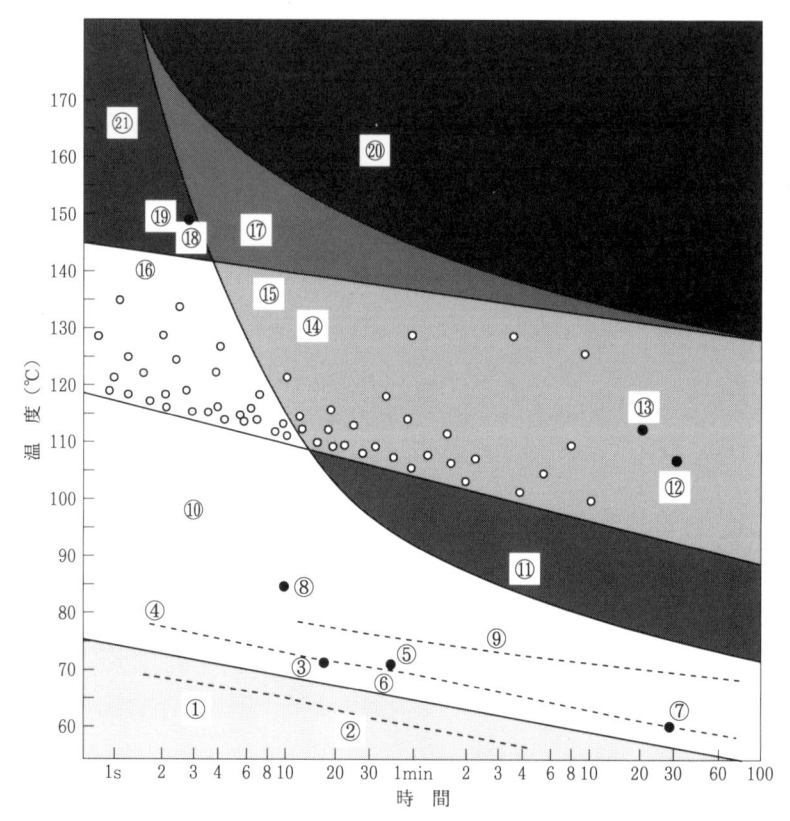

①大腸菌の死滅，②結核菌の死滅，③HTST殺菌，④ホスファターゼの不活性化，⑤短時間殺菌，⑥サーミゼーション（thermization），⑦長時間殺菌，⑧高温殺菌，⑨ペルオキシダーゼの不活性化，⑩パスツリゼーション，⑪加熱臭，⑫パスツールによる瓶詰滅菌（1860年），⑬現在の瓶詰滅菌，⑭芽胞形成の阻止，⑮間接加熱，⑯蒸気加熱，⑰過熱域，⑱UHT殺菌，⑲直接加熱，⑳褐変化（カゼインの凝固），㉑未解析

図4.8 牛乳の品質に与える熱処理の影響[7]

を1日で34,000本（32.4kl）販売した[11]．このようにして次第に世界各地に牛乳のパスツリゼーションが普及し，特にアメリカでは1900年代に入り，大量に低温殺菌牛乳が供給されるようになった．

　日本では1927年（昭和2年），東京下谷の和田牛乳店がアメリカのチェリーバレル（Cherry Burrell）社のバット（vat）型パスツライザー（Pasteurizer）を輸入して低温殺菌牛乳の市販を始めている．次いで1928年，明治製菓が

両国工場で低温殺菌牛乳の製造を開始している[12]. 1933年(昭和8年)の内務省令(牛乳の低温殺菌規定)の公布以降,本格的に本殺菌法が普及した.

元来,欧米諸国では牛乳を生で飲む習慣があったが,病原菌,特に結核菌が紛れ込み人が発病するという問題が生じ,やむを得ず殺菌を行うという状態であった.一方,日本では原料乳の細菌数が多いこともあって徹底的に殺菌し保存性を増すこと,また高温加熱によりホエーたん白質を熱変性させて牛乳の粘度を増加させ,濃厚感を増すことに重点が置かれた.そのための技術として,やや高めの殺菌温度と長めの保持時間とを設定する傾向が強かった.昭和20年代(~1945年)まで63℃, 30分を主体にした低温保持殺菌法(low temperature long time pasteurization, 以下LTLTと略)が用いられ,回分式で行われた.この方法はジャケットを有するタンク(通常10石=1,800l,撹拌機を持つ)に牛乳を入れ,ジャケットに熱水または水蒸気を供給して,牛乳を撹拌しながら加熱する.撹拌が悪いとタンク内壁が過熱して牛乳が焦げつき,タンクの伝熱係数を低下させる.また,撹拌を強くすると牛乳の脂肪球を粉砕し,そのエマルションを破壊することになる.このような問題もあって,飲用牛乳以外の練乳や濃縮乳製造の場合は違った殺菌方法で行っていた.それは荒煮(forwarming)と称し,原料乳を入れたバット(多くは10石容量)に生蒸気を吹き込み,温度を沸騰温度に近い100℃近くまで上げて殺菌する方法である.この方法は,たん白質をあらかじめ熱変性させて,缶詰された後の練乳が増粘しないようにするための有効な製造方法であった.

1952年(昭和27年),高温短時間殺菌法,すなわちHTST法(high temperature short time pasteurization)が,わが国に導入された.この方法には多管式とプレート式熱交換器が採用され,初めて連続式に殺菌できるようになった.多管式熱交換器は通常,内管と外管からなり,フレームで水平固定されている.内管に牛乳,外管に熱水または水蒸気を通すようになっている.この装置の欠点は,洗浄が完全にできないことと,単に加熱と冷却しかすることができないことであった.このような点から,この装置は1960年頃まで使用されたが,その後使用されなくなった.プレート式熱交換器製作のアイデアを最初に出したのはイギリス APV社のセリグマン(Seligman)博士[13]であった.その原理はフィルタープレスのように板と板との間に微小

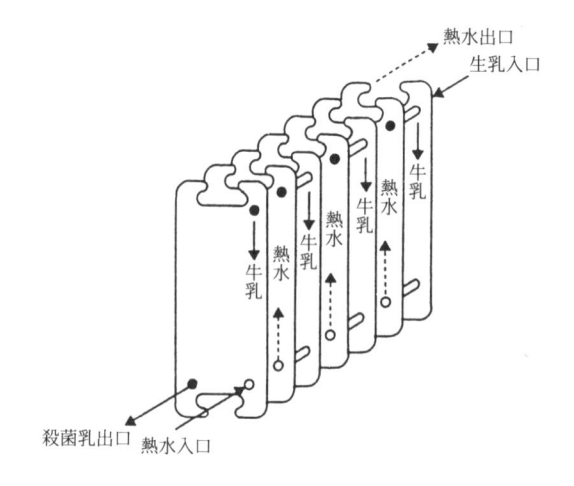

4. 単位操作としての乳加工技術の発展

熱水出口
生乳入口
牛乳
熱水
牛乳
熱水
牛乳
熱水
殺菌乳出口　熱水入口

図 4.9　プレート式熱交換器の流路[14]

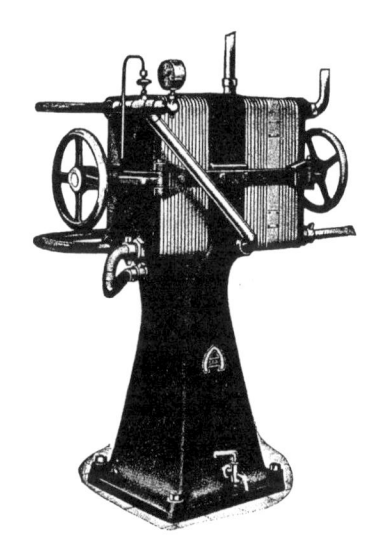

図 4.10　プレート式熱交換器（ベルゲドルフ，1932年）[14]

空隙を造って重ね合わせ，交互に加熱媒体と被加熱媒体を通し熱交換させるものであり（図 4.9），1923年に特許が出願されている[13]．しかし，実用化までかなりの年月を要している．最初の実用機は，鋳造した青銅製の板にジグザグの溝を付け，各板の間にガスケットをはめシールしたもので，1932年にベルゲドルフ（Bergedorf）が開発した（図 4.10）[14]．この熱交換器の問題点は次のようであった．

1）　プレート上での均一な流れが得られない．

2）　圧力損失が大きく作動圧力を高くしなければならない．

3）　汚れ（fouling）の問題

4）　デッドスペース（液たまりや洗浄不良箇所）の除去を考えなければならない．

プレート式熱交換器の性能は伝熱係数，圧力損失，プレートの配列などによって影響を受ける．伝熱係数を上昇させるために種々の研究が行われ，図4.11 に示す (a) 洗濯板型，(b) 球状突起，(c) 波型のように改良されてきた[14]．このような改良により，レイノルズ数（Reynolds' number）* 200 で乱流となり（通常，2,100〜2,300 で乱流），伝熱係数を大きく上昇させることができるようになった．つまり，この装置は液流速が低くても乱流になり，伝熱係数を高めることができる．また，この方式の優れた特徴は加熱側液と冷却側液との熱交換により両者の温度差を 2〜3℃とし，熱効率を 100％近くにもっていけることである．また，初めに供給された牛乳は連続式（秒単位）に処理され，滞留することがない．それまでの殺菌法は回分式で，常に"分"というオーダーで殺菌が行われていたが，この方法により連続式で大量生産が可能になった．

日本では，昭和 40 年代（1965 年〜）に入り，プラントの大型化とともに

(a) 洗濯板型　　　(b) 球状突起　　　(c) 波型

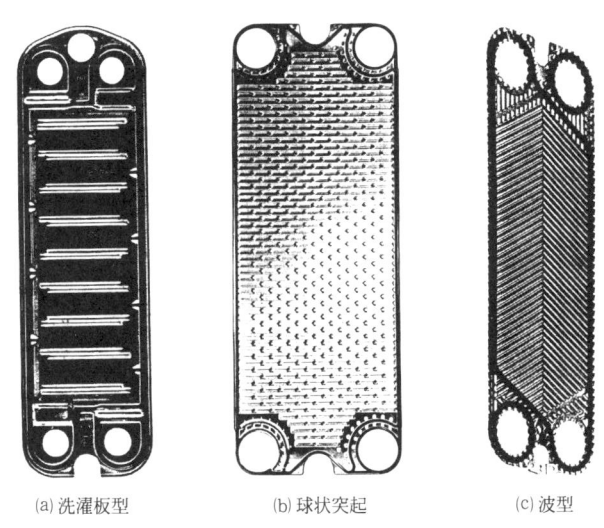

図 4.11　伝熱係数を増加させるためのプレートの改良[14]

---

* レイノルズ数 $= du\rho/\mu$ で表される無次元数．ここで，d：管径（m），u：管内液流速（m/s），ρ：液密度（kg/m³），μ：液粘度（kg/m·s）

超高温殺菌法（ultra high temperature treatmnt，以下 UHT と略）が普及し，現在では約97％の普及率となっている．UHT法はアメリカで1893年，牛乳を連続的に125℃，6分間の加熱で500～1,000l/h 殺菌できる装置が組み立てられたが，長時間運転はできなかった[9]．1909～1914年，ロベコ（Lobecko）は牛乳を加熱空気と蒸気によって噴射する方法について多くの特許を得ている[15]．1927年には，アメリカのグリムドロッド（Grimdrod）が蒸気噴射による直接加熱滅菌法の特許を得ている[16]．これは水蒸気の充満した部屋へノズルから200kPaの圧力で牛乳を噴射し微粒化させるもので，その結果，牛乳は瞬間的に110℃に加熱される．殺菌のために加えられた水蒸気は膨張室で凝縮水となって除かれる．この方法で非耐熱性菌は十分滅菌することができた[15]．この方法はアメリカ特許で保護され，その後多くの改良が行われた．1944年，アメリカの乳業の経験を基に，スイスではアルプラ（Alpura），スルツァ（Sulzer），アルプスミルク（Alps Milk）などの会社が乳中に蒸気噴射させるユーペリゼーション（Uperisation）プロセスを開発した[15), 16)]．この方法は150℃，24秒の保持により滅菌が行われ，滅菌前後の乳固形率の変化がないように自動制御される．蒸気噴射法としてアルファラバル（Alfa-Laval）社のVTIS（1961年），チェリーバレル（Cherry Burrell）社のプロセス（1962年），ラグイアーレ（Laguiharre）社のプロセス（フランス特許1,075,502）がある．これらの方法がさらに発展し，パラライザー（Palarizer）(Passch & Silkeborg 社)，サーモバブ（Thermovav）(Bereil & Martel 社)として開発された．このようにしてUHT法は，直接加熱法（injection, infusionの2法，図4.12）と間接加熱法（plate, tubularの2法）が開発され，耐熱性の $Bacillus\ thermophilus$ の胞子 10^9～10^{11} を滅菌することが可能になった[17), 18)]．このように多数の胞子を滅菌できることは非常に効率の良い滅菌機といえよう．日本のプレート式熱交換器には，岩井機械㈱（図4.13），イズミフード㈱など優れたメーカーがある．

　図4.14に低温殺菌，HTST，UHT（間接式と直接式）の温度と時間の関係を示す．低温殺菌は温度は63～65℃と低いが30分の保持時間が必要である．それに対してUHTは温度は最高150℃であるが，その時間は2～3秒（直接式），5～8秒（間接式）と短い．低温殺菌とUHT殺菌で牛乳の風味に違いが

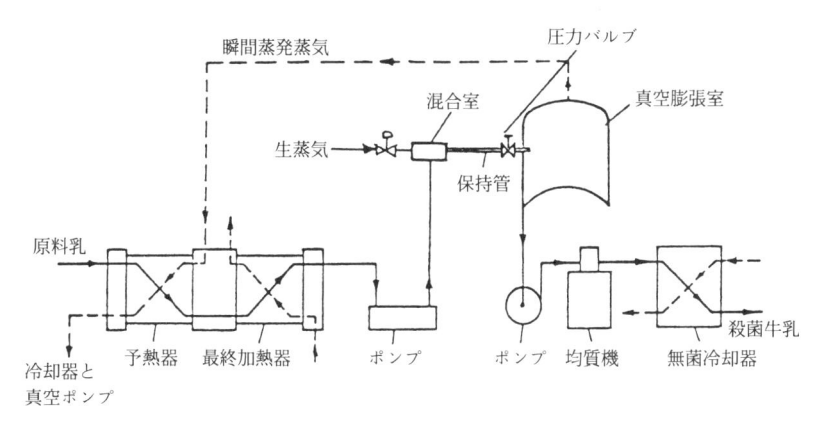

4.3 殺菌（Pasteurization）技術

図 4.12　直接式 UHT 殺菌機

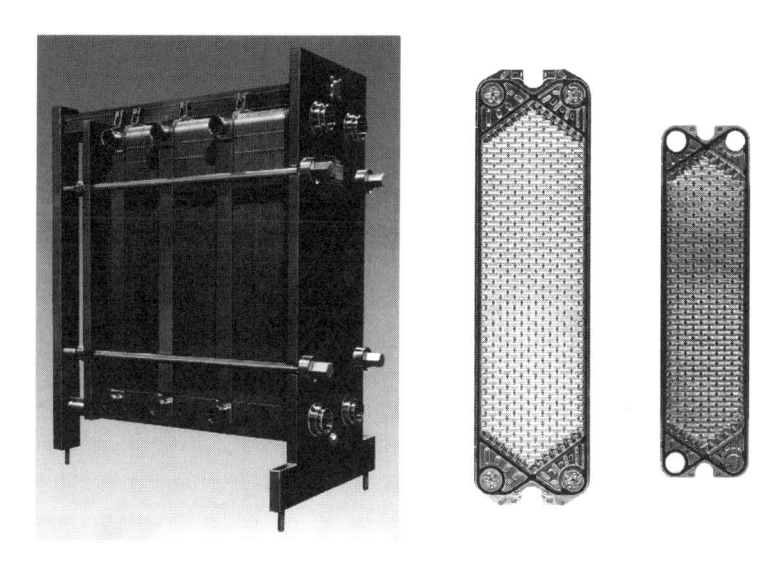

図 4.13　現在のプレート式熱交換器（岩井機械㈱提供）

あるが，慣れると気にならない．

　十分な滅菌工程を経ても，それに続く無菌下における充填包装技術が確立されていなければ意味のないことになる．工場規模で最初に無菌充填技術を完成させたのは（1950年），アメリカ・サンフランシスコ市のジェームズ・ドール・エンジニアリング（James Dole Engineering）社のマーチン（Mar-

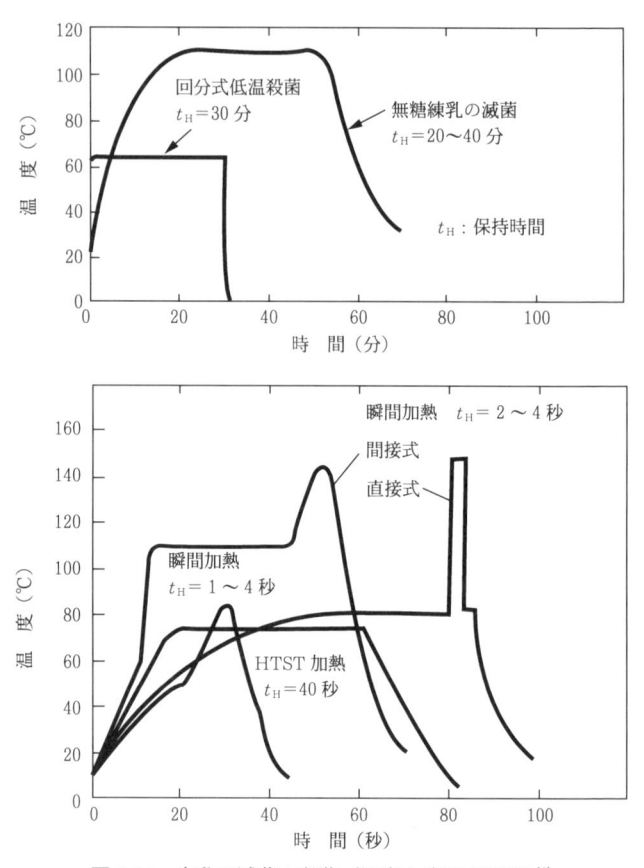

図4.14 牛乳の滅菌と殺菌（温度と時間の関係）[21]

tin）で，無菌缶詰方式（Aseptic Canning System）と呼ばれるものである．この方法は，缶と蓋を過熱蒸気（250℃）で滅菌し，直ちに冷却，充填，密封が行われる．しかし瓶の場合，このような高温加熱に耐えられないので，この方法は適用できない．1961年，スウェーデン・ルンド市のテトラパック（Tetra Pak）社は四面体の紙容器に滅菌乳を充填することに成功した[19]．

低温殺菌法では63〜65℃，30分の長時間保持をしなければならないので，従来，回分式が用いられてきた．最近，高梨乳業[20]では1,500mにおよぶスパイラル式保持管を用い，牛乳を連続式で63℃，30分保持できるシステムを開発した．これまで，日本では低温殺菌乳は，処理量の少ないメーカーが

回分式殺菌法で少量製造し，比較的高めの小売価格で売っていた．もし，消費者が低温殺菌乳の風味を好むようになれば，このような連続式で大量生産が可能になったので，UHT 殺菌乳と同じ程度の価格で生産できるであろう．

4.4 均質化（Homogenization），乳化（Emulsification）技術

　均質化とは乳加工の心臓部ともいえる重要な工程である．市乳，アイスクリーム，練乳などの製造工程で均質化が行われ，製品の口あたりを良くし，クリーム層の生成を抑えている．つまり，この工程は，固体または液体を微細化し液体中に乳濁させ，それを静置しても分離しない安定した乳化状態（emulsion）にすることである．

　牛乳は脂肪率約 3.8% で，その脂肪球径は $2～8\mu m$ に分布している（図 4.15）．この大きさで静置すれば，脂肪球同士が合着して大きくなり，15～30 時間で脂肪はクリーム層となって牛乳表面に浮上する．このクリーム層形成を防止するために，牛乳に高圧力（15～20MPa）をかけて，その脂肪球径を $1～3\mu m$ に微細化することを均質化という（図 4.16，表 4.14）．通常，均質化は 2 段階で行われ，第 1 段は上記のような高圧力をかけ，第 2 段は 2～4MPa の低圧力をかける．第 2 段は，第 1 段で生じた脂肪球の接合癒着を低圧力で分離する役割を持っている．このような 2 段階圧力により，クリーム層を形成しない均一な組成となり，販売期間の長い市乳を造れるようになった．

　均質機（homogenizer）は 1900 年，パリで万博（World's Fair）が開催された時に，フランスの技術者のゴーリン（August Gaulin）が展示したのが始まりである．したがって，homogenization という技術用語はゴーリンの均質機を

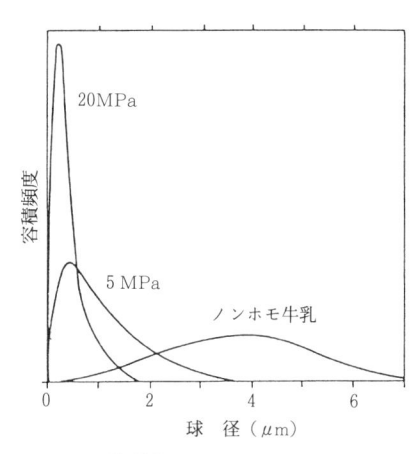

図 4.15 均質化圧力の違いによる牛乳中脂肪球径の頻度分布曲線[22]

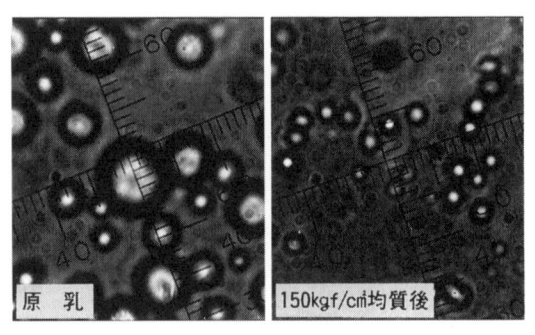

図 4.16　牛乳の脂肪球の写真（×1,500）[22]

表 4.14　均質化の影響[14), 22), 23)]

均質化圧力（MPa）	0	5	10	20
温度上昇（K）	0	1.2	2.5	5.0
平均球径（μm）	3.3	0.71	0.47	0.31
最大球径（μm）	10.0	3.2	2.4	1.6

注：脂肪率4%の牛乳の概算値.

図 4.17　世界で最も古典的な均質機
（ゴーリン社提供）
1912年パリで製作され，1942年まで現役として稼動した．
処理量 190 l/h，処理圧 210kg/cm^2．

使って牛乳を処理した時に初めて現れたのである．1909年，マントン・ゴーリン（Manton-Gaulin）社が最初の高圧プランジャーポンプの均質機を製作した（図4.17）．1920年，アメリカ・ペンシルベニアの病院で，また1927年，カナダ・オタワの乳業会社で実験的に均質化が行われた．本格的な均質化牛乳の要望は，1927年頃，イギリスやベルギーの家庭から出てきた．それらの家庭ではメードを雇っていたが，朝食時，家族が牛乳を飲む前に，牛乳表面に浮いたクリーム層をメード達がすくい取ってしまう場合が多かったためという[11]．つ

4.4 均質化 (Homogenization),乳化 (Emulsification) 技術

まり,均質化していない牛乳の脂肪は自然浮上しやすいのである.

1932年,アメリカ・ミシガン州で商業的に均質化牛乳が販売され,それに従ってアメリカ全土に普及するようになった.1935年,アメリカ合衆国公衆衛生局は均質化牛乳について基準となる規則を制定している[11].その規則の基準とは48時間静置後のクリーム層を見るものであり,脂肪率4%の牛乳1,000mlの入った瓶容器の上部から100mlのサンプルを採り,残った牛乳の脂肪率が3.6%以上あれば良いとしている.つまり,0.4%の脂肪が浮上しても良いということで,現在の感覚では極めて甘い基準である.その後1940年代に入り,アメリカではソフトカード論争が始まった.すなわち,母乳は小児の胃内で柔らかい凝固物 (soft curd) を形成するが,牛乳はハードカード (hard curd) を形成し,母乳より消化が悪いという報告がきっかけになった.しかし,結論としては,均質化により牛乳のカード張力 (curd-tension) が低下し,母乳と同じ程度に消化性を向上させることが可能になったとしている.

わが国では,戦後すぐ牛乳の均質化が試みられたが失敗に終わり,本格的にこの技術が使われるようになったのは1953年(昭和28年)以降である.今日では,この技術が牛乳加工だけでなく,アイスクリーム,脂肪を含む乳製品,その他の乳化 (emulsification) 作業になくてはならぬ重要なものとなっている.一方,均質化により次のような欠陥も発生しやすい.

1) 日光による凝固,金属臭の発生
2) リパーゼ(脂肪分解酵素)による反応性の増加
3) たん白質の熱安定性の低下

などである.このような理由から,均質化は殺菌工程の後に行われることが多い.

均質機は20世紀の100年間に,均質バルブ機構,衛生構造,材質,設計,耐久性などの点で大いなる進歩を遂げた.現在の均質機は高性能のプランジャーと2段均質バルブの組合せ,および小孔径から高圧力(7〜20MPa)で吐出させることにより,牛乳に剪断力やキャビテーション(高速回転するポンプの翼後方に発生する真空部)を与え,乳脂肪球を小さく分散させることができる.そして今では,世界各国で色々な型式のものが製作されている.最近は処理

能力の増大と均質化バルブへの通過を均一にするために5連のピストンが用いられている．今日，最大の能力を示す均質機APV（ゴーリン社製）は次のような仕様である（図4.18，図4.19）．

  圧   力：14MPa
  プランジャー直径：88.9mm
  処 理 量：53kl/h
  モーター馬力数：220kW

4.5 冷却（Cooling），冷凍（Refrigeration）技術[24]

今日，牛乳，乳製品の製造，保蔵には冷却，冷凍の工程が必須である．牛乳，バター，チーズなどは0〜4℃で，アイスクリームは−20〜−30℃で保蔵しなければ鮮度を保持できない．

食品が低温では長く保存できることは，人類の生活の知恵として古代から知られてきたことである．それは温度が下がるにつれ，生物学的，化学的に食品の品質変化が少なくなるからである．そのため，自然の冷涼さや天然氷が利用されてきた．19世紀に入り，初めて冷凍機が開発され，低温保蔵に広く利用されるようになった．

1834年，ライト（L. W. Wright）が圧縮空気を利用して製氷する特許を，また同年，パーキン（Jacob Perkins）が揮発性液体の膨張を利用して冷気を造り出す特許を取っている．天文学者のスマイス（Smaice）もまた，1869年，圧縮空気の膨張によって冷気を造る装置を組み立てた．しかし，これらの機械はいずれも効率が悪く，実用には供されなかった．1873年，アメリカのボイル（David Boyle）と1876年ドイツのリンデ（Karl von Linde）によってアンモニアを冷媒とする機械式冷凍法が開発された．これが今日の機械式冷凍法の元祖である．1945年，コンパクトな高速アンモニア圧縮機が開発され，乳業で広く使用されるようになった．

乳業では，20世紀初頭，氷を凍結した池，湖，川などから冬期に切り出し，大型の冷蔵庫（おが屑を氷の表面にまぶして断熱性を高める）に貯蔵し，夏期に牛乳の冷却に使用した．これは0℃の氷から0℃の水になる時に325kJ/

4.5 冷却（Cooling），冷凍（Refrigeration）技術

図 4.18 世界最大の均質機（ゴーリン社提供）
長さ 2.43m，重量 13,000kg で，最高 53,000*l*/h の処理が可能．

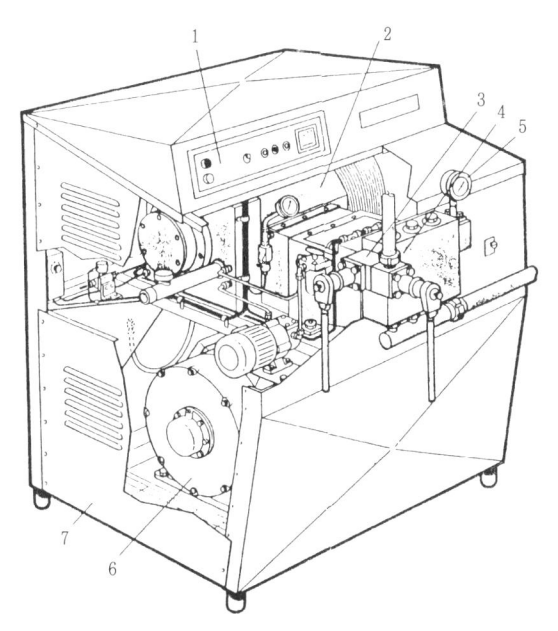

1：制御盤，2：トランスミッター，3：均質ヘッド，4：シリンダーブロック，5：高圧圧力計，6：モーター，7：フレーム

図 4.19 均質機の断面図[7]

kg の融解潜熱が放出され，被冷却物が冷えるという原理を利用したものである．家庭にはまだ冷蔵庫がなく，配達された牛乳を冷却できないので，暑い夏には1日2回配達するのが普通であった．牛乳の冷却方式としては，井戸水浸漬方式から表面冷却器〔surface cooler, 1916年（大正5年）〕，管状冷却器〔tubular cooler, 1925年（大正14年）〕，プレート冷却器〔plate cooler, 1952年（昭和27年）〕へと変わった．この結果，冷却効率が上昇し，衛生的に牛乳の処理ができるようになった．1970年代には，1965年（昭和40年）に制定された東京都条例の基準である原料乳細菌数400万/mlを超えるものはなく30万/ml以下となり，今日では10万/ml以下の微生物的に非常に清潔な牛乳が生産されるようになった．

1960年代，酪農家での牛乳冷却法として，水噴霧を行い，その蒸発潜熱により牛乳缶を冷却する方法（spray cooling system）が開発された．1970年代に入り，各酪農家にバルククーラー（bulk cooler）が普及し，搾乳した牛乳は直ちに5℃に冷却されるようになった．その結果，原料乳質（細菌数，風味など）は飛躍的に向上した．

アイスクリームの製造でも冷却技術が重要な役割を果たしている．1900年代初期，アメリカでは間接冷却式（ブライン使用）アイスクリームフリーザーが開発された．1922年には直接膨張式（液体アンモニアから気体に膨張する時に潜熱を吸収する）による大型フリーザーが開発されている．

日本では，1950年頃まで間接式フリーザーが使用されていたが，主として塩化カルシウム30％液が用いられ，すぐ温度が上昇するためアイスクリームミックスを効率良くフリージングできなかった．アメリカより25年ほど後れて日本でも直接膨張式フリーザーが導入されることになる．この頃，アイスクリームの硬化室は多段棚型で，棚の上に載せて冷凍する静置型であった．硬化室の天井にはコイル式蒸発管が張り巡らされ，膨張弁の手動操作によるアンモニアの気化により冷却していた．この方法では，蒸発管伝熱面にアイスクリームから昇華した水分が雪となって付着し，冷却特性がすぐ低下してしまい，通常，硬化に24時間かかり非効率的であった．この方式は，やがて除湿した空気を強制通風式トンネルに送る方式（図4.20）に変わり，連続した流れで，自動制御方式が採られ非常に効率良く硬化できるようになっ

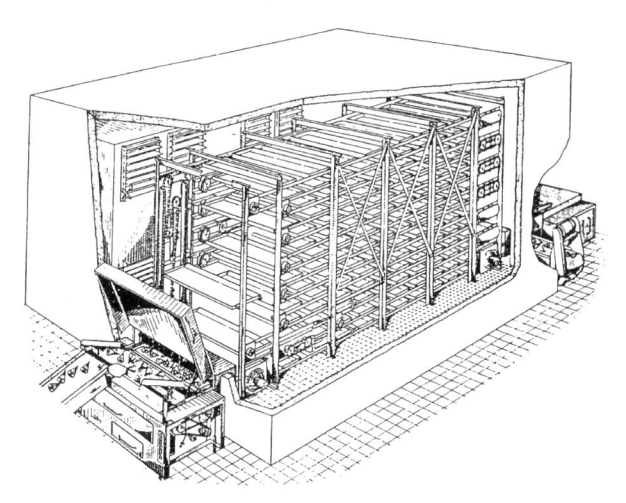

4.5 冷却 (Cooling), 冷凍 (Refrigeration) 技術

図 4.20 アイスクリーム, 冷菓の冷凍硬化室 (デンマーク, O.G. ホイヤー社とアルファラバルグループ)

た．高速万能充填機によりカップに充填された未硬化のアイスクリームは，コンベヤーに載せられ毎分 150 個の速度で，スパイラルになったトンネル内を 20〜30 分で硬化されて出てくる．これを直ちに段ボールに充填包装し，低温貯蔵倉庫に置かれるようになった．

今日，牛乳，乳製品の冷却，冷蔵，冷凍は，乳工場はもちろん，スーパーマーケット，外食産業，自動販売機，輸送などで必須の工程となっている．

以下に，冷却・冷凍技術の進歩を時系列で示すことにする[24)-26)]．

- 1803 年：初の冷凍機が特許化される（アメリカ）
- 1834　：マサチューセッツ州のパーキン (Jacob Perkins) が冷気を造る特許を得る（アメリカ）
- 1848　：アイスクリーム用回転式フリーザーが特許化される（アメリカ）
- 1859　：機械的冷凍システムが商業的に利用される（アメリカ）
- 1870　：大学東校（東京大学の前身）宇都宮教授，エチルエーテル圧縮式冷凍機を輸入（日本）
- 1873　：ローレンス冷却器 (Lawrence cooler) が開発される（図 4.21）（ドイツ）

1876 ： リンデ（Karl von Linde）によりアンモニア冷凍機が実用化される（ドイツ）
1908 ： 冷蔵貨車が建造される（日本）
1913 ： 最初の家庭用電気冷蔵庫が売り出される（アメリカ）
1914 ： 直接膨張型回分式アイスクリームフリーザーが導入される（アメリカ）

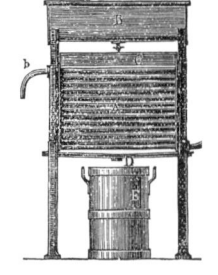

図4.21　ローレンス冷却器

1917 ： クリーマリー・パッケージ（Creamery Package）社により初めて80クオート（76 l）のアイスクリームフリーザーが開発される（アメリカ）
1919 ： アンモニア圧縮式冷凍機が試作される（日本）
1923 ： 機械式冷凍キャビネットが開発される（アメリカ）
1925 ： 冷凍用蒸発器に満液式が導入される（アメリカ）
1927 ： 雪印乳業でバターの冷蔵始まる（日本）
1928 ： 1バッチ40クオート（38 l）のアイスクリームの機械式冷凍硬化が始まる．これは外側に氷と塩を用いる縦型フリーザーである（日本）
1929 ： チェリーバレル（Cherry Burrell）社より横型ブライン式フリーザーが販売される（アメリカ）
1930 ： 冷媒としてフロンの合成に成功（アメリカ）
1935 ： 40クオート・ブライン式フリーザーが導入される（日本）
1941 ： 表面冷却器がアイスクリーム製造ラインに利用される（日本）
1947 ： 冷却用バルクタンクが開発される（アメリカ）
1950 ： 多段棚式の静置型アイスクリーム硬化室を造る（日本）
　　　　半自動カップ充填機が開発される（日本）
1952 ： 高速多気筒型アンモニア冷凍機が使用される．2段圧縮まで可能となり，製品を希望の温度まで下げ，効率的に運転できるようになる（日本）
1953 ： 冷蔵庫はユニットクーラーによる強制通風冷却式になる（日本）
1954 ： チルドウオーターユニットが輸入される．ブラインがチルドウオーターに変わり腐食や凍結がなくなり，効率が良くなった（日本）
　　　　三丸製作所で直接膨張式フリーザーが製作される（日本）
1955 ： 新三菱重工社によりアイスクリーム用エージングタンク，表面冷却器，連続式フリーザーが製作される（日本）
1956 ： 植田酪農機社により直接膨張式連続フリーザーが製作される（日本）

| 1957 | : トップコーン4列充填機が開発される（日本）
| 1960 | : プレート冷却器（3,000l/h），ロータリーバーモナカ充填機，連続フリーザー（800l/h）が導入される（日本）
| 1962 | : 冷凍機用冷媒としてフレオン（フロン）の使用が始まる（日本）
| 1967 | : 低温フリーザーが導入される（日本）
| 1970 | : 大型スクリュー式冷凍機が導入される（図4.22）（日本）
| 1971 | : 新大阪造機製作の急速凍結装置が導入される（日本）
       日本酸素製作の液体窒素硬化装置が導入される（日本）
| 1974 | : 三和機械社製作の低温フリーザー（1,500l/h）が導入される（日本）
| 1976 | : 冷凍方式をコンベヤーよりパレット方式に変換（日本）
| 1980 | : CIP構造の3連式低温フリーザーが導入される（日本）
| 1981 | : 急速凍結設備として2段ドラム式スパイラルコンベヤーが導入される．
| 1990年代 | : フレオン系冷媒がオゾン層を破壊するため，アンモニアが冷媒として見直されてきた．オゾン層を破壊しない新しい冷媒も開発されている．

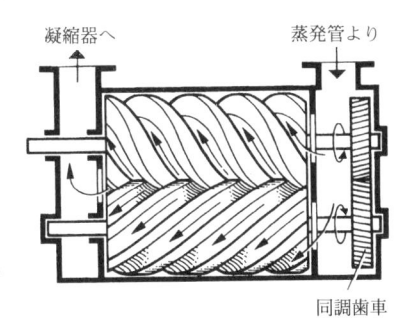

図4.22　スクリュー圧縮機の原理図

4.6　分離（Separation）技術

4.6.1　遠心分離（Centrifugal Separation）技術

　乳加工の過程で最も重要な技術の一つが生乳中に含まれている脂肪を分離することである．つまり，乳業にとって心臓ともいうべき機械がクリーム分離機である．1879年，スウェーデンの技師グスタフ・デラバル（Gustaf Patrick DeLaval, 図4.23）が機械的な遠心分離法を確立し，乳加工に要する労力と場所を節約できるようになった[14]．これは乳加工技術における革命的発明であった．19世紀後半にこの技術が開発されるまでは，ヨーロッパ，アメリカの農場や工場での牛乳の分離は手作業で，時間と労力を要し，しかも非衛生的であった．その方法は主として次のようなものであった．

図 4.23　グスタフ・デラバル，連続式遠心分離機の発明者[14]

1) 手作業による分離（Manual Work Separation）[27]

(1) 重力分離（gravity separation）

脂肪の密度（20℃）が乳中では930kg/m^3，脱脂乳では1,034kg/m^3であるので，牛乳を容器に入れて静置すると，その脂肪は容器内の液表面に浮上し脱脂乳と分けることができる．重力分離とは，このように脂肪と脱脂乳の密度差を利用し，静置することにより自然に分離する方法である．1940年代までこの方法が用いられ，次の3方法によって行われていた．

① 浅缶（せんかん）法（shallow pan method）

搾乳後，直ちに直径の大きい（38〜64cm）陶器，エナメル塗装のブリキ製または鉄製の深さ6〜10cmの浅い缶に牛乳を入れる．この牛乳を涼しい場所，または10〜20℃の水の中に保持する．36時間経過すると，比重差により脂肪が浮上する．こうして出来たクリームをひしゃく，またはスキマー（skimmer）ですくい取る．この場合，脱脂乳脂肪率は0.5〜0.6％で，かなりの脂肪が脱脂乳側に逃げる（図4.24）．

② 深漬（しんせき）法（deep-setting method）

搾乳後，直径20〜25cm，深さ45〜65cmの鉄砲缶（スズメッキした銅製の細長い容器）に牛乳を注入する．この缶を水に漬ける．温度は0〜7℃とする．通常24時間で脂肪をほとんど分離できる．この後，缶の底の栓口から脱脂乳を抜く．缶の底より約2.5cm脱脂乳を残すようにするのが良いとされている．脱脂乳脂肪率は0.2〜0.3％と浅缶法よりも若干良い結果を示す．

③ 希釈法（water dilution on hydraulic method）

牛乳と同量の約37℃の水で希釈し，冷暗所に12時間保持する．脱脂乳は缶底から取り出される．この脱脂乳脂肪率は0.3〜0.4％である（実際は2倍に希釈されているので0.6〜0.8％）．この方法は分離速度が速い．これは乳が水

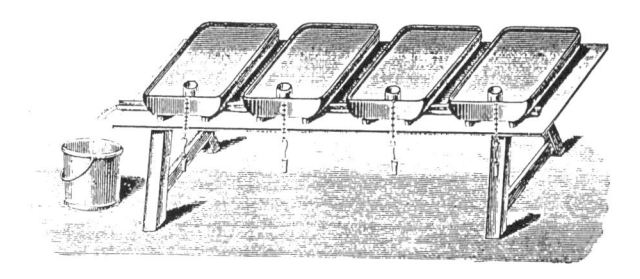

図 4.24(a)　浅缶法による脂肪の分離[14]

図 4.24(b)　牛乳を運搬し，浅缶法により脂肪を分離する作業[14]

で希釈されているため粘度が低下することと，脱脂乳と脂肪との比重差が大きくなり脂肪球が浮上しやすくなるためと考えられる．しかし，加水は脱脂乳中の固形率を低下させるばかりでなく，微生物の発生を促し腐敗を起こすという欠点がある．

　これらの方法は長時間を要すること，またその品質に問題があること，さらに分離効率が悪く脱脂乳中にかなり脂肪が残るなどの問題を生じ，次第に機械的分離法が研究されるようになった．

2) 機械的遠心分離法 (Mechanical Centrifugal Separation)[14]

1859年, ドイツの科学者フックス (C.J.Fuchs) は, 牛乳中のクリーム量を測定するために試験室用の遠心分離機を造った. 1864年, ビール醸造業者のプランドル (Antonin Prandtl) が, この原理を牛乳のクリーム分離に実用化する工夫をした. 1877年, ドイツの土木技術業者レフェルト (Wilhelm Lefeldt) は, プランドルらが造った幼稚な機械の構造を設計し直したが, やはり実用性に乏しく安全性も低かった*. この機械はバケットの中に入れた脱脂乳からクリームを取り出すという方法 (図4.25(a)) で, 非効率的であるばかりでなく, 装置を動かすのに4人の人手が必要であった. この装置は試運転公開中に部品が八つに壊れ, 周囲の人々に当たり大きな事故となった. これを風刺した絵 (図4.25(b)) には「これは人を殺す機械だ. 神よ救いたまえ!」と書かれている. レフェルトは, ついにこの考え方を捨てざるを得なかった. 1872年, デンマークのストーシュ (Storch) 教授は, 遠心分離機として図4.26に示すような形状を提案した. これは遠心分離の正確な原理図として示された最初のものである.

連続式クリーム分離機を最初に製作したのは, 前述したようにスウェーデンのデラバルである. この分離機 (図4.27) は構造, 操作が簡単で, 従来のものに比べて非常に優れていた. 1886年, デラバルは蒸気タービンを発明し, これを分離機に応用し機械操作を簡単にした. 1890年, 彼はフォン・ヴェトルス・ハイム (Von Wehitorus Heim) とともに, 分離機中にディスク (円板状) ボールを多数使用し, 乳を薄層にして分離効率を高める方法を開発した (図4.28).

クリーム用遠心分離機が初めてアメリカに輸入されたのは1885年である. その後, アメリカ製の分離機が相次いで製作, 改良された. これ以降, 重力分離法は次第にすたれ, 機械的分離法に移行した (図4.29, 図4.30). 農家は牛乳を製酪所 (creamery) まで運搬し, 機械分離によりクリームを分離し, 脱脂乳は農家に持ち帰った. 製酪所では新鮮なクリームを得ることができ,

---

* レフェルトの分離機の分離能力は100kg/h程度で, 脱脂乳中にまだ0.6%の脂肪をもっていたという. しかし, 静置法に比較すれば, 従来36時間を要していたのが約1時間で分離できるので非常な進歩となった.

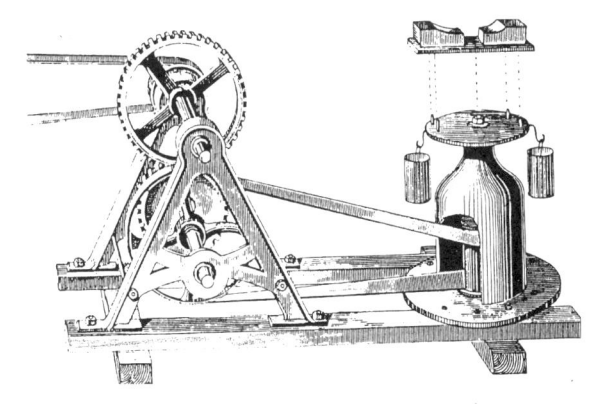

4.6 分離（Separation）技術

図 4.25(a) バケットによる遠心分離[14]

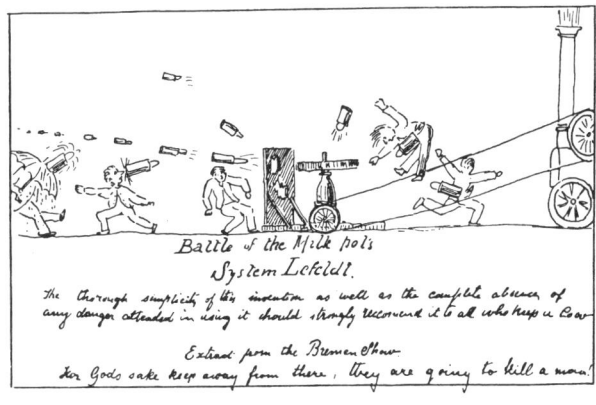

図 4.25(b) 遠心分離機の開発初期の風刺漫画（レフェルト方式の牛乳壺の戦い）[14]
この機械は単純で，全く安全性に欠け，人を殺そうとしている．神よ救いたまえ！ 法を守ることを強く望む（ビール屋のショーより）

バターの品質は非常に向上した．また，脱脂乳も新鮮であるため子牛の飼料として好適なものとなった．

1930年代の分離機メーカーとして有名なのは，デラバル（DeLaval），シャープレス（Sharpless）ライド（Reid），シンプル（Simple），アルファラバル（Alfa-Laval）などであった．

以下に，佐藤貢の遠心分離機にまつわる談話を紹介する[28]．

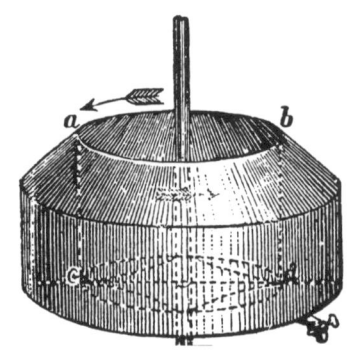

図 4.26 ストーシュ教授の遠心分離の正確な原理図[14]

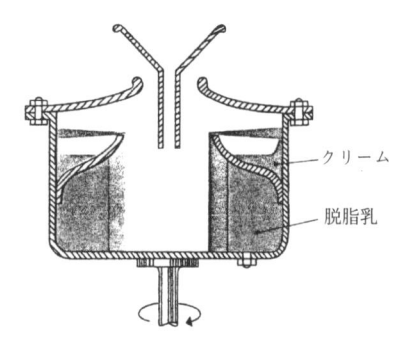

図 4.27 デラバルが最初に考えた遠心分離機[14]

図 4.28 ヴェトルス・ハイムの考案したディスクボール．周辺の孔は脱脂乳の通り路[14]

図 4.29 1940年代の手回し式遠心分離機（雪印乳業資料館）

　酪連（北海道製酪販売組合連合会，雪印乳業の前身）時代，バターの国産化とロンドン市場への輸出（1933年11万2千ポンド）を果たした．しかし，遠心分離機だけは国産化できなかった．そこで1940年（昭和15年）に輸入を図ったが国際情勢が不穏になって輸入できなくなった．そこで国産の日立製作所や分離機専門メーカーに頼んだけれども，回転はするが乳脂肪の分離がうまくいかない．国産機による分離脱脂乳中の脂肪率は外国産のそれと比べ5～7倍も高く，クリームの歩留りが低くなった．国産分離機を開発する努力は

4.6 分離 (Separation) 技術

図 4.30 傘型歯車とカウンターベルトにより馬で遠心分離機を作動させているところ (20 世紀初頭)[14]

戦後 (1945 年〜) も続いたが満足なものができなかった．分離機のディスクの構造に難点があることは分かっていて，機械の構造は格好そっくりに造れるが，脂肪ロスが大きい．皿の間隔，材料の問題，構造の微妙なところがあってどうしても解決できない．一方，工場にある分離機は戦争中 (1941〜1945年) の無理な操業がたたって老朽化しており，分離性能は低下する一方であった．1948 年 (昭和 23 年) 遠心分離機の製作を国産のメーカーに依頼したが，どうしても脂肪ロスの少ない分離機の製作ができない．これはまさに企業のノウハウの問題であろう，と考えた．1950 年 (昭和 25 年)，佐藤貢 (当時雪印乳業社長) は米国のアトランティック市で国際乳業協会の博覧会が開催されたので，鈴木伝 (当時クローバー乳業社長) とともに出席した．この機会に米国の DeLaval 社，Titan 社より雪印 177 台，北海道乳業 24 台，合計 201 台もの大量の遠心分離機を購入し，脂肪損失の問題を解決した．遠心分離機はスウェーデンで開発されたものであるが，現在でも同国のアルファラバル社の機械が世界的に有名である．今日においても日本の乳業メーカーの多くはこの会社より遠心分離機を輸入している．乳業の心臓ともいわれる遠心分離機では，100 年以上にわたって蓄積されたアルファラバル社の技術が今日でも世界的な優位性を有しているということは驚異に値するといえよう．

牛乳脂肪球はその表面にたん白質を吸着し,膜(membrane)を構成している.生乳の脂肪球径は 2〜8μm に分布し,その表面積はかなり大きく,浮上するには大分時間を要する.この浮上速度はストークスの式(Stokes' equation)に従う[29].

$$Ut = d^2 \times (\rho_f - \rho_s) \times r \times \omega^2 \div 18\mu$$

ここで,
- Ut：沈降または浮上速度(m/h)
- d：脂肪球径(m)
- ρ_f：脂肪の密度(kg/m^3)
- ρ_s：脱脂乳の密度(kg/m^3)
- r：回転軸からディスクまでの半径(m)
- ω：角速度(rad)
- μ：牛乳の粘度(kg・m/s)

この式から,脂肪球径が大きいほど,粘度が小さいほど,脱脂乳と脂肪の密度差が大きいほど,回転速度(角速度)が速いほど浮上速度が速くなることがわかる.ストークスの式を使い,脂肪球径 3μm の牛乳の重力分離と機械的遠心分離での浮上速度を比較すると,後者による方が 6,500 倍速いことになる.

現在の遠心分離機はかなり性能が良くなっているばかりでなく,その能力も 40t/h と大型化している(図 4.31(a)).通常の運転の場合,脱脂乳の脂肪率は 0.04〜0.06% で,クリーム脂肪率が 40% であれば良いといえる.この場合,クリーム側の流量は約 10%,脱脂乳側は約 90% となる(図 4.31(b)).

原料乳の脂肪球径が小さく 1μm 以下の分布が多い場合,脱脂乳脂肪率を 0.04% 以下にすることは困難である.脂肪球径は原料乳の細菌数,温度などの影響を受ける.また,強く撹拌すると脂肪球を破壊し,遊離脂肪を増やし,結果としてクリームのゲル化を招くので工程管理が重要となる.

最近では分離工程(送乳,予熱,分離,殺菌,冷却など)の自動化が可能となった.マイクロプロセッサーによるフィードバックによって工程内の送乳量,温度,圧力,タンク内液レベル,スラッジ排出頻度などを制御できるようになっている.分離機内の液流速を低く(処理能力を減少)すれば,脂肪

4.6 分離（Separation）技術

図 4.31(a)　現代の密閉式遠心分離機（アルファラバル社提供）
工場の能力により5～10基の分離機を設置している．

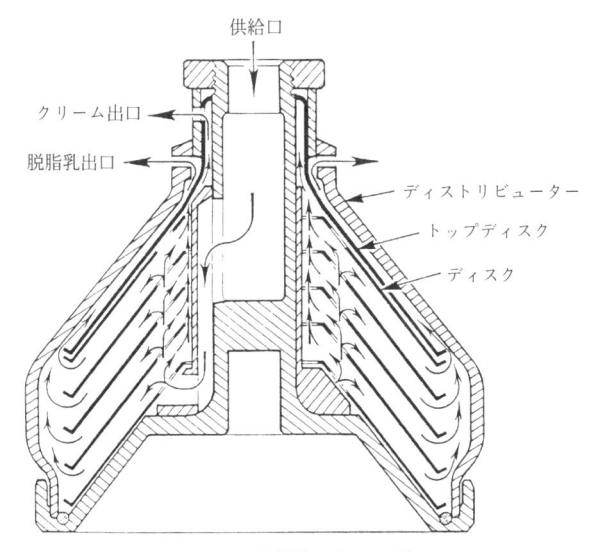

図 4.31(b)　遠心分離機の断面図[25]

球の分離時間を長くすることが可能となり，脱脂乳中の分離損失を少なくすることができる．また，クリームと脱脂乳出口に絞りバルブをつけることにより，これら二つの流量を調節し，クリーム脂肪率を自由に制御できるよう

になった．ただし，クリーム脂肪率が上昇すると粘度の上昇も著しくなるため，現在では脂肪率72%が上限とされている．

原料乳中には塵埃（じんあい），乳細胞，白血球，赤血球，細菌などが含まれており，総セジメント（sediment, 液体中からの沈澱物）量は約 1kg/10kl である．酸度の上昇した原料乳ではセジメントの量が多い．旧式の分離機ではかなりの頻度でボウルを取り外し，たまったセジメントを手洗いして取り出す必要があった．最新の固形物自動排出型では，遠心力を用いた水圧作動によりピストンを瞬間的に押し下げ，あらかじめセットした間隔でセジメントを分離機の孔より自動的に排出するようになっている．セジメントは60分間隔で，環状に取り付けられた受容器（receiver）に排出される．セジメントはボウルと同じ回転速度で受容器を通り，サイクロンに行き液と固形分に分けられる．遠心分離機は各々の目的用途によりディスクの型式が変わる．また，汚泥物質が多い場合にはベルトドライブ型の分離機で対応している．

最近の遠心分離機は脂肪の分離だけでなく，次のような役割もする．すなわち，

1) 脂肪率72%の高濃度クリーム（プラスチッククリーム plastic cream と呼ぶ）を製造できる．
2) バターオイルのように脂肪率の高い液状物質から脱脂乳を分離できる．
3) 原料乳，ホエーから小さい"ごみ"を除くことができる（これをクラリファイアー clarifier と呼ぶ）．
4) 高速回転により細菌数を減らすことができる（バクトフュージ bactofugation と呼ぶ．これにより有害芽胞菌 *Bacillus cereus* の芽胞を80～90%減少できる）．
5) ラクトアルブミンのように微量で有用な良質たん白質を分離回収できる．
6) ホエーに含まれる微量の脂肪をかなりよく分離できる．

4.6.2 膜分離（Membrane Separation）技術[30)-32)]

膜分離の歴史を振り返ると，1854年，グラハム（Graham）が見出した透析現象が出発点といわれている．その後，ブタの膀胱膜が使われたり，セロ

ハン膜, コロジオン膜, 種々の高分子膜が造られたが, いずれも機械的強度が弱く, 沪過速度も遅いので主に研究用にのみ使われていた. 第二次世界大戦中メンブランフィルターの開発が進んだが, その膜孔径は現在の限外沪過膜, 逆浸透膜の孔径に比べるとかなり大きく, 分子を分離できる大きさではなかった. 膜分離技術は1950年, アメリカの淡水化プロジェクトにより発展への一歩が始まった. 食品工業への膜利用が始められたのは, アメリカ農務省西部研究所のモルガン (Morgan) による[33].

乳業における膜分離技術は目覚ましい進歩を遂げている. その技術目的は脱塩, 濃縮, 組成分画, 排水処理などである. 乳業における膜分離では次の3方法が用いられている.

(1) 限外沪過 (ultrafiltration, 以下 UF と略)
(2) 逆浸透 (reverse osmosis, 以下 RO と略)
(3) 電気透析 (electrodialysis, 以下 ED と略)

UF, RO膜の孔径, 機能などを図4.32に示す.

乳業で膜分離技術が必要とされた主な理由はホエー処理問題である. 1980年以前は世界的にチーズ生産量はそれほど多くなく, またホエーの固形率が低かったので, 河川に投棄するのが最も安い処理方法であった. しかし, このような方法は河川の BOD (biochemical oxygen demand, 生化学的酸素要求量) を上昇させ, 環境を汚染するため次第に許される状況ではなくなり, ホエーを回収する必要が生じてきた. この頃, 各種の膜分離技術が化学工業において発展, 利用されるようになり, 乳業にも紹介されるようになった. 1983年, モスクワで開催された国際酪農会議 (International Dairy Congress) で, デルベケ (Delbeke, ベルギー国立酪農試験所主任研究員)[36] は乳業における「膜分離の利用法」と題し展望講演を行っている. これは, この技術を総括したものとして最初のものであった.

膜分離技術は蒸発法や結晶法のように相変化 (液体から気体になるような変化) を伴わず, 低エネルギーで, しかも常温で分離できる方法である. したがって, この分離法は, 乳成分の熱変性, 褐変, 揮発成分の逸散がないので, 風味や栄養価の損失が少ないという長所を持っている.

FAO (Food and Agriculture Organization, 国連食糧農業機関) によれば,

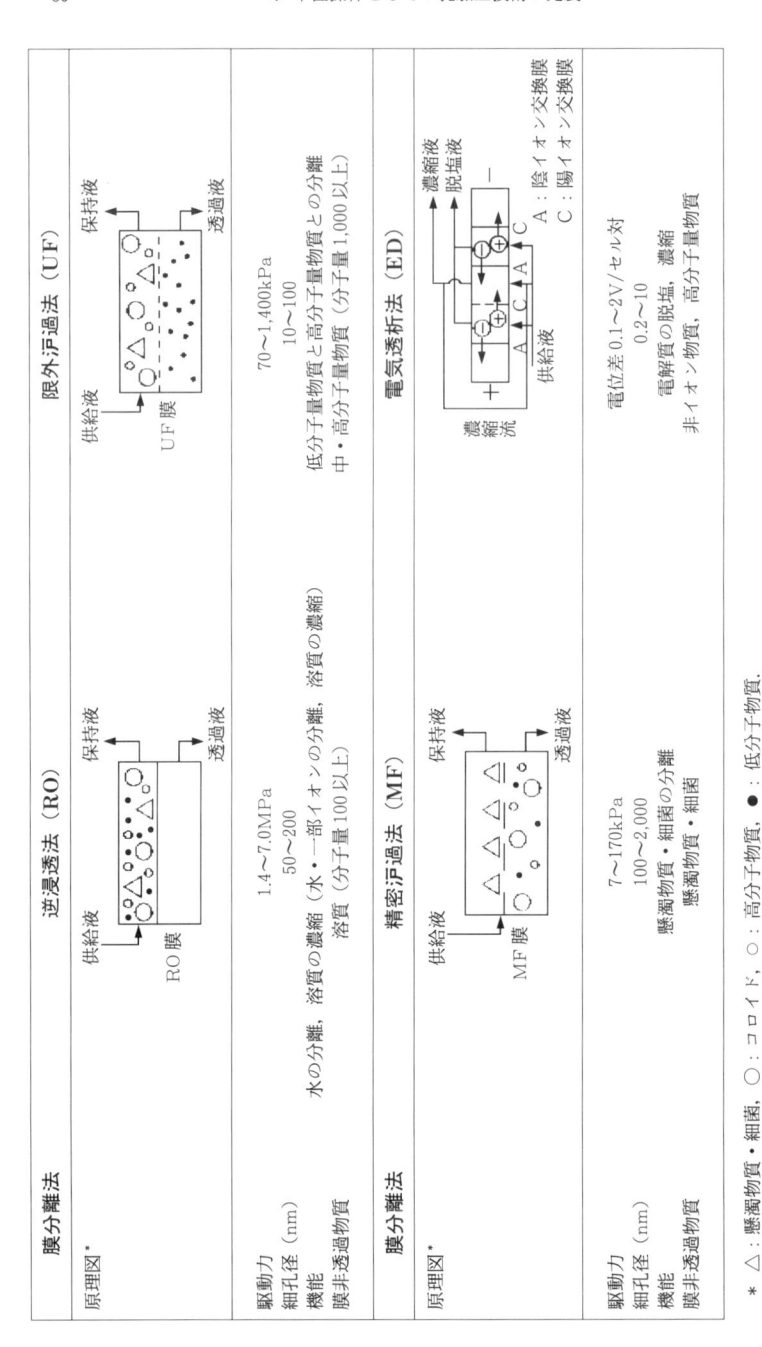

膜分離法	逆浸透法（RO）	限外沪過法（UF）
原理図*	供給液→[RO膜]→保持液／透過液	供給液→[UF膜]→保持液／透過液
駆動力	1.4〜7.0MPa	70〜1,400kPa
細孔径（nm）	50〜200	10〜100
機能	水の分離、溶質の濃縮（水・一部イオンの分離、溶質の濃縮）	低分子量物質と高分子量物質との分離
膜非透過物質	溶質（分子量100以上）	中・高分子量物質（分子量1,000以上）

膜分離法	精密沪過法（MF）	電気透析法（ED）
原理図*	供給液→[MF膜]→保持液／透過液	濃縮塩液／脱塩液／供給液／濃縮流 A：陰イオン交換膜 C：陽イオン交換膜
駆動力	7〜170kPa	電位差0.1〜2V/セル対
細孔径（nm）	100〜2,000	0.2〜10
機能	懸濁物質・細菌の分離	電解質の脱塩、濃縮
膜非透過物質	懸濁物質・細菌	非イオン物質、高分子量物質

* △：懸濁物質・細菌、○：コロイド、●：高分子物質、●：低分子物質.

図 4.32 乳業分野で使用される主な膜分離法[35]

1995年に世界で約1,510万tのチーズが造られている．チーズ1kgを製造するのに7〜8kgのホエーが副産物として産出される．仮に7kgとすると，世界中で1億340万tのホエーが生産されたことになる．そのホエーの固形率を6%として単純計算すると約640万tの乾燥固形物が得られる．しかし，実際にこの年に造られたホエー乾燥物は130万tにすぎない[37],[38]．すなわち，ホエーの2/3は廃棄されたことになる．しかし，昔と比較するとかなりの量のホエーを回収し，その付加価値を高めて有効利用することができるようになった．現在ではホエー回収のために各種の膜分離技術が応用されるようになった．

現在，乳業界ではUF＞RO＞EDの順で利用されている．各膜技術の発展の過程を年代順に列挙すると以下のようになる[39],[40]．

 1952年：EDによるホエーの脱塩の特許．
 1960　：ロエブ（Loeb）とスリラヤン（Sourirajan）によるRO膜の実用化（アメリカ）．世界で5,000万tのホエー排出．
 1967　：乳業においてED法による脱塩の実用化が始まる．
 1968　：乳業においてRO法によりホエーを濃縮．
 1969　：MMV法（UF使用）によるチーズ製造始まる．
 1970　：連続式ED装置が開発される．
 1971　：UF法がホエーたん白の回収とチーズ製造工程に初めて導入された（ニュージーランド）
 1980　：世界で1億3,000万tのホエー排出．
 1982　：食品産業膜利用技術研究組合が結成され膜分離技術の研究が始まる（日本）

以下に各膜分離法について述べる[41],[42]．

1) UF

1960年，ミカエル（Michaels）らにより発明され，アミコン（Amicon）社の非対称構造膜が1969年に市販された．

5〜35nm（nm＝10^{-9}m）孔径の膜を利用し，約500kPaの圧力をかけて，大分子量と小分子量のものを分離する．次のROとの大きな相違点は操作圧力が低いことである（ROは約1MPa）．例えば，ホエーでは分子量の大き

いホエーたん白質（α-ラクトアルブミンやβ-ラクトグロブリンなど）と低分子量の乳糖を分離できる．参考までに表4.15に牛乳成分の分子量と分子径を示す．

表4.15　牛乳成分の分子量と分子径[22]

組　　成	分　子　量	直　径 (nm)
水	18	0.3
塩素イオン	35	0.4
カルシウムイオン	40	0.4
乳糖	342	0.8
α-ラクトアルブミン	14,500	3
β-ラクトグロブリン	36,000	4
血漿アルブミン	69,000	5
カゼインミセル	$10^7 \sim 10^9$	25～130
脂肪球	—	2,000～10,000

供給液の流れは膜に平行で，流速は5m/sである．初めは酢酸セルロース膜が使用されていたが，この膜は加水分解を受けやすく，使用可能なpH域が3～7，温度35℃以下で，乳業で必須な洗浄作業に適応できないため，現在はポリスルホン膜（ジフェニル重合体）が使用されている．UFプラントにおける通常の運転温度は50℃である．牛乳の粘度は1mPa・sであるが，濃縮されるにつれて粘度は次第に増加し，たん白質濃度14～18％になると急激に増粘し200mPa・sになる．このようになると圧力損失が大きく，液流量が減少し，分離不可能となる．したがって，たん白質濃度は18％が限界である．

UFは技術の進展により，優れた機能性を有するホエーたん白質を回収するという役割を担うようになった．また，チーズ製造に広く用いられ，その歩留り向上（15～30％）と労働力削減が図られている（MMV法*）[34), 42)]．

世界の膜の合計面積は，1975年；約12,000m²，1979年；約30,000m²，1988年；約180,000m²，1993年；230,000m²となり，ホエー，牛乳への膜の利用が非常に増加していることが分かる（図4.33）．図4.34は日本におけ

---

* Maubois, Moucquot, Vassalの3人の研究者（フランス国立酪農研究所）のイニシャルをとって名付けた方法で，全脂乳，脱脂乳をあらかじめUFで分画濃縮して低分子成分を除き，ソフトタイプチーズとほぼ同一組成のプレミックスを造りチーズを製造する．

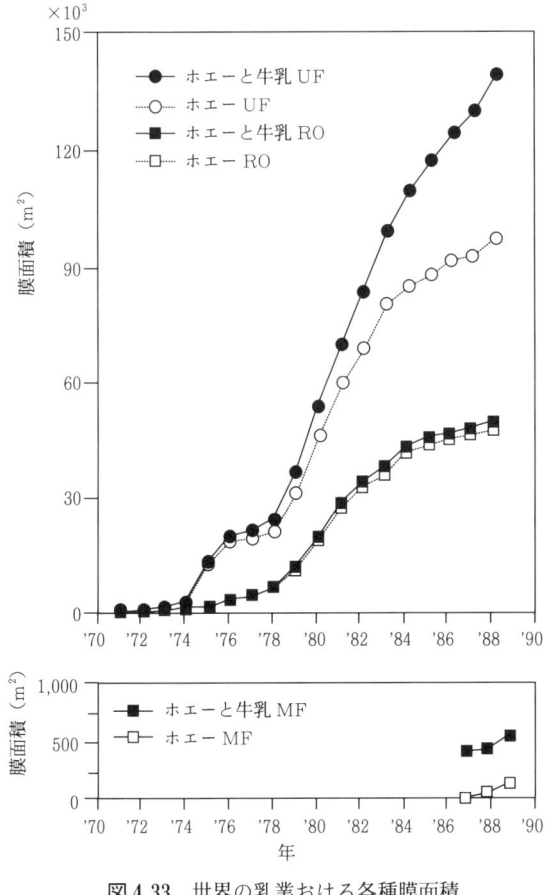

図4.33 世界の乳業おける各種膜面積
(1971〜1988年)[43]

る膜面積の増加を示したものである．1963年にEDから始まり，1972年にUF，ROが加わり，1988年には約4,000m^{2}の膜面積となっている．特に1980年に急激に増加していることが分かる．

図4.35から，日本では全膜使用面積の約80％を占めるEDのほとんどがホエーの脱塩に用いられ，あとの約10％ずつを占めるUF，ROは脱脂乳，全脂乳などの膜分離に利用されていることが分かる．

1971年，乳業で初めて膜面積300m^{2}のUF（図4.36）がニュージーランド

90   4. 単位操作としての乳加工技術の発展

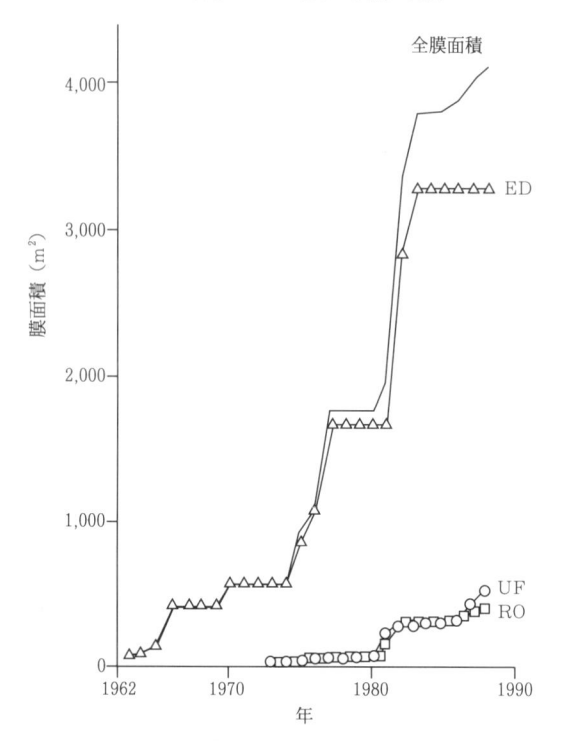

図 4.34　日本の乳業における各種膜面積（1962〜1988 年）[44]

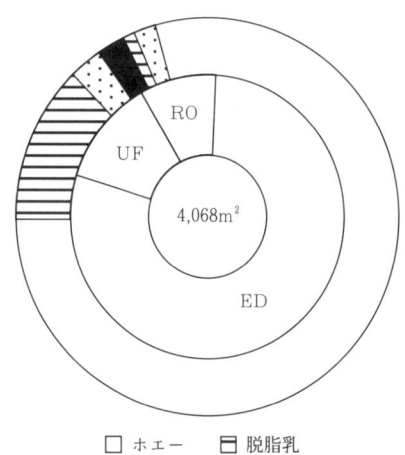

図 4.35　各種膜の使用面積と各種液状乳での使用割合（日本，1998 年）[44]

図 4.36 限外沪過装置

で設置された．最近では単独で 5,000m² の膜面積をもつチーズ製造用 UF 膜が使用されている．

2) RO

1960 年，カリフォルニア大学のロエブ（Loeb）とスリラヤン（Sourirajan）[30] により RO 膜として酢酸セルロース膜が初めて実用化された．この膜を電子顕微鏡で観察[39]すると，膜の表面は溶媒の蒸発によって生成した密な層と，その下の多孔性の支持層からなる非対称膜であることが分かる（図 4.37）．この非対称性が液流速の増加に寄与していると考えられる．膜には，膜の厚さを 40nm 程度に薄くし，固い支持体の上に載せた複合膜，あるいは中空糸状にしたものがある．

RO 法が注目を集めたのは 1973 年の石油危機の後である．原油価格の高騰により加熱蒸発法はエネルギーコストが高くなり，代わって RO 法が用いられるようになった．RO 法は圧力による分離法であるので，相対的にエネルギーコストが安いためである．乳業では脱脂乳，ホエーなどの固形率を高め，輸送コストを低下させるための予備濃縮に用いられる．

酢酸セルロース膜は，膜性能，耐熱性や耐薬品性の点で劣るため，やがて合成高分子を利用した複合膜が出現した．この膜により，酸，アルカリによる CIP（cleaning in place，定置洗浄）が可能になった．

(a)

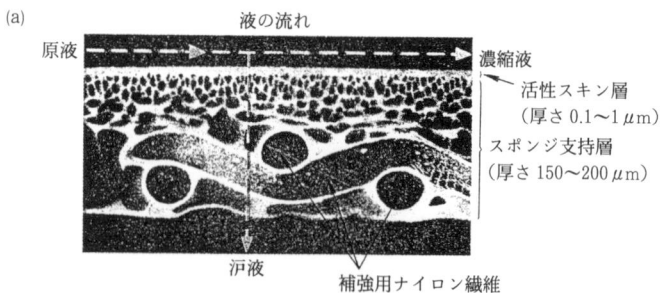

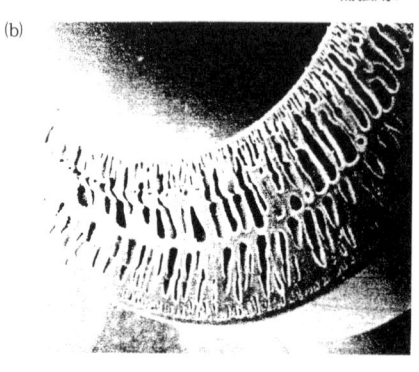

(b)

図4.37 RO膜の電子顕微鏡写真[44]

　大きな面積の膜をなるべく小さな容積に収め，耐圧性を考慮した種々のモジュールが開発されている．これらを大別すると平面膜型，管型，スパイラル巻型，中空糸状膜型（図4.38）の4種類になる．

　世界のRO法における膜面積は，1975年：2,000m^2，1979年；13,000m^2，1983年；23,000m^2，1993年；50,000m^{2}と，この四半世紀で25倍になっている．

3) ED

　1940年，マイヤー（Meyer）とストラウス（Strauss）によりEDの原理が提示された．

　1940年代後半，合成イオン交換膜（ポリスチレンベース）が開発され，実用的プロセスとなった．この原理は陽イオン選択透過膜と陰イオン選択透過膜とを交互に配置し，直流電流によりイオン分離を行うものである．工業規模での最初の設備は1956年，アメリカのアイオニック（Ionic）社製の海水淡水化装置であった[41]．日本では製塩事業のために1960年代に導入されて

4.6 分離(Separation)技術

(a) 装置全景

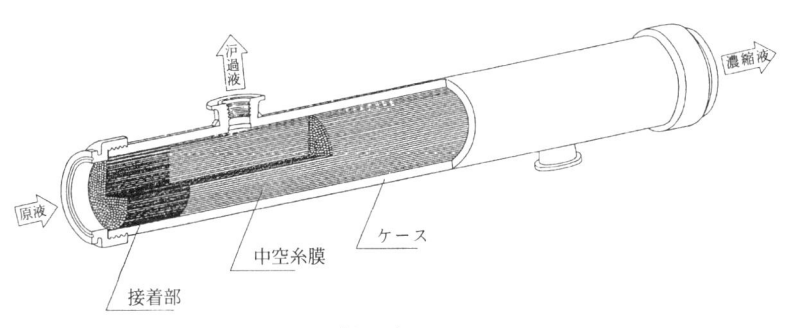

(b) モジュール

図 4.38　逆浸透膜装置

いる．ED 法とイオン交換樹脂法とを比較すると，ED 法は投下資本は多くかかるが，連続式で，再生剤(アルカリ液，酸性液)を必要としないという長所がある．

第二次大戦後，オランダにおいて ED 法によりホエーから塩を除き，ホエーたん白質を利用する研究が行われた．

1956 年以来，日本では育児用粉乳製造のためイオン交換樹脂法でホエー，脱脂乳などを脱塩(Ca, Mg など)していた．育児用粉乳を製造する場合，カゼインとホエーたん白質の比率を母乳に近づけるためにはホエーを添加する必要がある．しかしホエーには塩類が多いため，回分式のイオン交換樹脂

法による脱塩が行われていたのである．1966年，アメリカで初めて牛乳中のミネラルを除くためにED法が使用され，これがきっかけとなり1967年，日本でもEDを導入するようになった[42]．

1967年，脱脂乳，ホエーなどの脱塩の際のfouling（膜表面に発生する付着物質）が解析され，たん白質，カルシウムなどが膜面に付着しない操作法が確立された．1970年，低温連続処理プラントが開発された．また，洗浄性の良い，物理強度の高い膜が開発され，単位装置当たりの能力が向上した．1972年，全pH域耐性の陰イオン膜が開発され，酸度の高い液やアルカリ洗浄液を使用できるようになった．

4) MF（Microfiltration，精密沪過）

$0.2 \sim 5 \mu m$ の比較的大きな孔径を持ち，果汁，ワイン，ビールなどの不純物の清浄化，低温殺菌などに用いられる．乳業では1980年代より用いられるようになった．図4.39はチーズ用牛乳を造るための流れである．原料乳約30klにMFを通した牛乳（保持液）約3klを加えて遠心分離を行い，クリームと脱脂乳に分ける．この脱脂乳を再度MFにかけると，*Bacillus cereus*芽胞の99.5%を除去することができる．クリームもMFを通し，HTST法で殺菌する．MFを通すことによりリパーゼ（酸化臭を発生させる酵素）のような有害酵素，病原菌を除くことができ，熱殺菌の条件を緩和することができる．

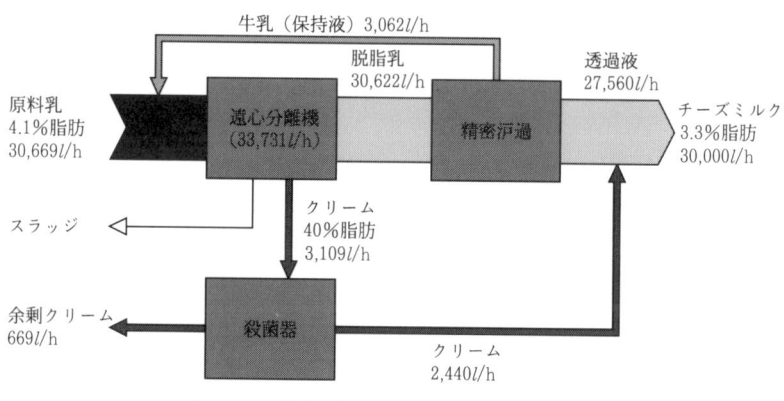

図4.39 精密沪過（チーズミルクの場合）[44]

4.7　濃縮（Concentration）技術

　20世紀における牛乳の濃縮技術は，牛乳からの蒸発潜熱をいかに有効に利用し，原料乳の熱変性をいかに少なくするかという問題に帰着する．これらの技術の改善には，先人のたゆまぬ努力の積み重ねがあり，その結果として大きな進歩の跡が見られる．潜熱について歴史的に振り返ってみると，1764年のワット（James Watt）の蒸気機関の研究に遡る．ワットは蒸気機関の効率を高めるために，グラスゴー大学の科学者ブラック（J. Black, 1728～1799年）[24]に助言を求めた．その結果，使用した蒸気を凝縮させることが必要なことを知った．そのために大量の冷水を用い，蒸気機関のシリンダーを冷やしたのである．ブラックは，100℃の水蒸気を100℃の水にするには大量の水（水蒸気量の約5.4倍）が必要であることを示した．このように水蒸気から水に変化させるのに必要な熱を潜熱といい，熱力学の重要な概念となった．

　牛乳の濃縮は粉乳製造の予備工程として，また，無糖または加糖練乳の製造工程として，原料乳中の水分を除き固形分を高めるために必要である．このために必要な装置を真空釜（vacuum pan），濃縮機（concentrator）または蒸発缶（evaporator）という．牛乳濃縮では，1950年代までこの潜熱の利用について考慮が払われてはいなかった．つまり単一効用である真空釜が専ら用いられていたからである．1964年，ミシガン州立大学農学部教授トラウト（Trout）[1]はアメリカ酪農科学会の研究会会員に対して，乳製品製造技術の中で貢献度の高い技術は何かとアンケート調査を行った．その結果（表4.3参照），牛乳の濃縮技術が第5位にランクされ，かなり重要な技術と考えられていたことが分かった．

　牛乳の濃縮の目的は，牛乳中に含まれる約90％にも及ぶ水分を取り除き保存性を増すことである．この考え方は古くからあったが，19世紀前半まで，平鍋に牛乳を入れ，木または石炭を燃料とした直火方式によって煮詰めることで行われていた．この方式は火力の調節が困難で，熱効率が悪く，また温度が上がり過ぎて牛乳を焦げつかせるという欠点があった．1856年，アメリカのゲール・ボーデン（Gail Borden）[45]は初めて蒸気を加熱源とし

て使用し，減圧下における牛乳の濃縮に成功した．以来，約100年間，真空釜が世界的に使用されることになる（図4.40）．

日本では，1896年（明治29年）に花島兵右衛門が初めて真空釜を使用した[46]．この釜は能力1石5斗（270l）のもので，製薬用の真空釜を模倣し，東京京橋本郷町の加藤潜水器工場で造られた．設計監督には花島兵右衛門の義弟・小田川金三工学士があたった．この真空釜は1953年（昭和28年）頃まで種々の改良が加えられながら使用されていた．初期の真空釜の変遷を表4.16に示す．

1952年（昭和27年）における真空釜の仕様を表4.17に示す．また，20石の真空釜の内部構造を図4.41に示す．当時は，牛乳の予備濃縮（粉乳製造の際は牛乳固形率約12%から約45%まで濃縮する）や練乳の製造のために真空釜が使われていた．その能力は10石から100石までであったが，通常の工場では50石の釜（かま）を用いていた．本体および加熱コイルともに銅製のものが多く，その表面をスズメッキしているものも一部あった．長期間使用中にスズメッキがはげたために練乳中に銅イオンが析出し，脂肪の酸化臭の

図4.40 ゲール・ボーデンが初めて製作した真空釜（vacuum pan）．全部銅製で真空に強くという意味から球状になっている（アメリカ・ワシントンD.Cスミソニアン博物館）

発生を促進するという問題があった．公称石数とは釜の処理能力を示すものである．この石数と本体の胴部容積とを比較してみたのが表 4.18 である．75 石，50 石の胴部容積は公称石数の 52%，30 石，10 石ではそれぞれ 65%，100% であった．つまり，50 石以上の釜の胴部容積はパン能力（石）の約 1/2 に等しいことになる．

表 4.16　わが国初期の真空釜（1910 年以後）[47]

型　式	製　作　者	操　作　方　法
橋本式真空釜 （内径 58cm） 1910 年（明治 43 年）	東北帝大農科大学 （北海道大学） 　教授 　　橋本左五郎 　機械工 　　松田小弥太	牛乳を銅製円筒真空釜上部導入管より減圧導入し，釜底部二重底に蒸気を通して加熱する．円筒側面ののぞき窓で観察しながら上部連結コンデンサーに蒸発水分を導き，空気栓を調節しながら濃縮する．
Jet 式真空釜* 1910 年（明治 43 年）	札幌酪農園煉乳所 　所主 　　河井茂樹	牛乳（脂肪率 3% 以下）を浄化，殺菌，均質化，酸度調整後真空釜に導入し，加糖，濃縮後取り出して冷却放置，粗大乳糖結晶を金網濾過し，缶詰，蒸気殺菌する．
砲金製真空釜 1914 年（大正 3 年）	根室牧場 　松山潜蔵指導 　池田庸夫製作	アメリカ製シロップ製造用真空釜に準じて製作されたもので，濃縮中，釜内の観察を容易にするため，反射鏡を装置した．製法は橋本式真空釜に概ね同じ．
池田式真空釜 （乳糖結晶生成機付） 1923 年（大正 12 年）	池田鉄工場（札幌） 　場主 　　池田庸夫 　宮脇富指導	釜内加熱コイルを回転式にした加熱撹拌兼用装置を備え，蒸気加熱真空濃縮後，減圧下で撹拌冷却して乳糖の微細結晶を生成させる．

* 多くの古い文献では "Z 式" と書いているが，真空釜の condenser（凝縮器）には jet wet condenser がある．したがって Z 式ではなく Jet 式が正しい呼称と考える．

表 4.17　真空釜（10〜75 石）の仕様（1952 年）[48]

	パン　本　体				コイル材質，伝熱面積				
パン能力 （石）	材　質	直径 (m)	高さ (m)	胴部容積 (m³)	材　質	ジャケット (m²)	コイル 形　態	コイル 伝熱面積 (m²)	総伝熱面積 (m²)
75	銅	2.14	1.98	7.13	銅	4.7	直列 5 段	17.2	25.9
50	銅	1.82	1.82	4.73	銅	3.14	渦巻 4 段	11.6	14.7
30	ステンレス	1.64	1.67	3.54	ステンレス	2.2	直列 5 段	12.2	14.4
10	胴ホーロー	1.35	1.25	1.79	銅（スズメッキ）	1.7	渦巻 3 段	3.2	4.9

表4.18 胴部容積と公称石数との割合[48]

パン能力 石 (m³) A	胴部容積 (m³) B	B/A (%)
75 (13.5)	7.13	52
50 (9)	4.73	52
30 (5.4)	3.54	65
10 (1.8)	1.79	100

図4.41 20石真空釜の内部構造
（雪印乳業史料館）

表4.19に真空釜の運転性能を示す．真空度は25.5〜28inHg（6.5〜14.9kPa），牛乳沸騰温度は50〜54℃，蒸気圧はコイルⅠ段（最低部），Ⅱ段，Ⅲ段，Ⅳ段，Ⅴ段というように，上部コイルに上がるにつれて高くすることができる．このことは，釜（pan）内における牛乳の沸騰はコイル上部に行くほど激しく，対流伝熱が良くなり，低部では静水圧のため沸騰状況が悪いことを示している．ハンジカー（Hunziker）[49]および神田[46]によれば，牛乳はコイルにより加熱され，釜壁に沿って浮上し，乳表面中心部から下方に落下し，再びコイルによって加熱されるという対流伝熱が行われるとしている．しかし，林[50]の実験により，このような対流は生じておらず，実際にはコイル表面より無数の気泡（2〜3mm径）が発生し，この気泡が液表面に達した時に初めて沸騰することが分かった．真空釜のオペレーターには，観察窓から牛乳が猛烈な勢いで沸騰しているように見えるが，その下面はほとんど対流が生じていない．これは，コイルが下段に行くに従い蒸気圧力を下げなければ牛乳が焦げつくことからも理解できる．当時（1952年），伝熱量はコイルの長さ，直径，形状などによるとされていたが，結局，次の一般式から判断することができる．

$$Q = U \cdot A \cdot \Delta t$$

ここで，

Q：伝熱量（kJ/h），A：伝熱面積（m²）

U：総括伝熱係数（W/m²·K）

Δt：加熱蒸気と牛乳の対数平均温度差（℃）

表4.20は真空釜（パン）伝熱性能を示したものである．水量比は12～24，これは水分蒸発量1kgに対し冷却水を12～24kg要していることを示している．凝縮器（コンデンサー）の性能によって冷却水の使用量に約2倍の差がある．蒸気比は0.6～1.0にあり，水蒸気使用量1kgに対し牛乳水分蒸発量0.6～1.0kgとなっている．総括伝熱係数Uは673～1,560W/m²·Kで，パン能力により約2倍の差がある．最高のUを示したパンにおいても，現在の蒸発缶と比較すると低い値となっている．

1950年代，日本では欧米諸国より薄膜上昇式2重効用缶を輸入し，蒸発能力と熱効率のアップを図るようになった（図4.42）．1960年代後半に入る

表4.19 真空釜の運転性能（1952年）[48),50)]

パン能力 (石)	被濃縮物	真空度 (inHg)	パン温度 (℃)	蒸気圧 (lb/in²) ジャケット	I	II	III	ドレイン 温度 (℃)	量 (kg/h)	蒸気使用量 (A) (kg/h)
75	脱脂乳 (8～44% TS*)	25.5	54	14	12.8	20	20	76	1,692	2,570
50	全脂乳 (11.5～46% TS)	26.5	52	—	3.5	3.5	8.4	92	954	956
30	脱脂乳 (8～44% TS)	27	54	—	4	8	10	84	644	1,023
10	脱脂乳 (8～44% TS)	28	51	3	8	12	14	71	352	300

* TS：全固形率．

表4.20 真空釜の伝熱性能（1952年）[48),50)]

パン能力 (石)	濃縮性能 (kg/h)	水分蒸発量 (B) (kg/h)	コンデンサー (C) 温度 (℃)	水量 (kg/h)	水量比 C/B	蒸気比 B/A*	総括伝熱係数 W/m²·K (kcal/m²·℃)
75	2,430	1,998	42	24,500	12.3	0.78	1,560 (1,393)
50	1,320	983	35	15,700	16	1.02	881 (758)
30	864	643	41	15,700	24.4	0.62	673 (600)
10	378	311	36	5,700	18.3	1.04	1,116 (996)

* 表4.19の蒸気使用量（A）．

と薄膜下降式3重効用缶が輸入され，今日までこの型式の蒸発缶が圧倒的に多く使用されている（図4.43）．この蒸発缶は牛乳が垂直の不銹鋼（ステンレス鋼）缶内側面を液膜になって下降し，缶外側から水蒸気によって加熱されるようになっている．液膜は，缶内側が真空下にあるので缶底部に達する間に沸騰，蒸発し，濃縮される．牛乳と発生蒸気は加熱管から蒸気分離器に入り，分離される．分離された発生蒸気の熱は次の効用缶に利用される．

図4.42 薄膜上昇式2重効用缶
（雪印乳業史料館）

真空釜（単一効用缶）は1kgの加熱水蒸気で1kgの牛乳の水分しか蒸発させることができない．しかし，1950年から50年の間に，牛乳の濃縮において，熱エネルギー効率を上げるために多重効用缶と熱および機械的な圧縮機を開発し，使用蒸気量を大幅に減少することができた．一つの缶から発生した牛乳蒸気を次の缶（真空度を若干上げて沸点を下げる）の加熱蒸気として利用する．これによって多重効用蒸発が可能となった．薄膜上昇式では3重効用が最大であったが，薄膜下降式では7重効用まで可能である．その理由は次のように考えられる．

一般に牛乳はたん白質を多く含むために熱変性しやすいので，蒸発缶の蒸発温度設定域を45〜75℃としている．つまり，30℃の温度差以上はとれないのである．薄膜上昇式では牛乳を缶底部から缶頂部まで上昇させるためのエネルギーを得るために，加熱側と被加熱側の温度差（Δt）を最低10℃にとらなければならない．したがって，この方式では3重効用が最大となる．一方，薄膜下降式では牛乳は缶頂部までポンプアップされ，液膜となって自然流下するのでΔtを3℃程度にとれる．したがって，この方式では7重効用まで可能であり，1kgの加熱蒸気で10kgの牛乳中の水分を蒸発させるこ

4.7 濃縮 (Concentration) 技術

図 4.43(a) 薄膜下降式4重効用蒸発缶 (APV 社提供)

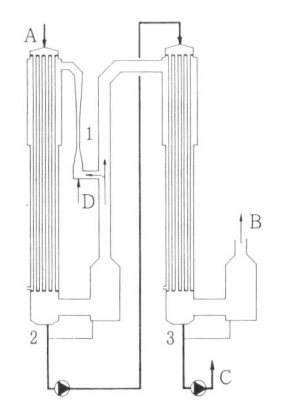

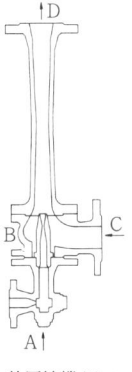

A：牛乳供給入口，B：発生蒸気，C：濃縮乳，D：加熱蒸気
1：熱圧縮機，2：第1缶，3：第2缶

熱圧縮機(1)の詳細図

図 4.43(b) 薄膜下降式蒸発缶の原理図[51]

とができる.この値はもちろん,蒸気再圧縮機を組み込んだ場合である.

現在,蒸発缶の省熱エネルギーの方法として,多重効用缶には次の二つが組み込まれている.一つは発生蒸気熱式再圧縮 (thermal vapor recompression, TVR と略),二つ目は発生蒸気機械式再圧縮 (mechanical vapor recompression, MVR と略) である[51]. TVR は蒸発缶の一つの効用缶から発生した低圧蒸気を圧縮して,圧力と温度を上げて再利用する方法である.生蒸気はノズルより噴射させてジェット作用によって蒸気圧を速度エネルギーに変える.ジェットは,蒸気分離器より発生蒸気を吸入し,ディフューザーで生蒸気と混合し,圧力と温度を上げる.この温度上昇により再び効用缶の加熱に使用できる. TVR は構造と組立てが簡単で,動く部分がない.一方, MVR はその反対で複雑であるが,過去 10 年間に色々なテストを繰り返し,広く使用されるようになった.現在,蒸発缶の水分蒸発能力は 30〜40t/h と巨大になっており, TVR と MVR の両圧縮機が用いられている[51].また,濃縮乳は約 45℃で最終缶より排出されるが, 70℃程度まで再加熱することによって噴霧乾燥機能力を 3〜6% アップすることができる.

牛乳濃縮装置の発展過程は次の 5 段階に分類できる.

1. 1853〜1900 年:ゲール・ボーデン (Gail Borden) の球状真空釜

    初めて牛乳を真空下, 50〜70℃で濃縮することができた.

2. 1901〜1955 年:真空釜 (vacuum pan)

    釜内に加熱面としてコイルを内蔵しており,加糖練乳,粉乳の予備濃縮用として専ら使用された.

3. 1956〜1965 年:薄膜上昇式熱圧縮機付 2 重効用蒸発缶 (film up type with thermal vapor recompression double effect evaporator)

    牛乳は蒸発缶最底部より多数の管に入り,加熱され薄膜となって管中を上昇し濃縮される.第 1 缶の発生蒸気の 50% が熱圧縮されて再び第 1 缶の加熱側に入り利用される.

4. 1965〜1980 年:薄膜下降式熱圧縮機付 3〜5 重効用缶 (falling down type with thermal vapor recompression triple-pentagon effect evaporator)

    熱圧縮機を併用することにより 1kg の牛乳水分を蒸発させるのに 1/4

~1/6kg の水蒸気量ですむようになった．

5. 1980年～現在：薄膜下降式機械圧縮機，熱圧縮機付5～8重効用缶 (falling down type with mechanical vapor and thermal vapor recompression pentagon-octahedron effect evaporator)

機械圧縮機，熱圧縮機，効用缶を併用したもので1/5～1/9の熱量ですむようになった．

このように熱圧縮，機械圧縮を利用することと，効用缶数を増加させることにより潜熱の利用を高め，限りなく熱エネルギーを節約するようになった．また，凝縮器に行く蒸気量（vapor）がほとんどなくなったので，所要冷却水量が非常に少なくなった（図4.44）．蒸発缶のエネルギー消費量の型式による比較を表4.21に示す．

以下に，濃縮技術の歴史的発展を時系列で示す．

1856年：アメリカのゲール・ボーデン，牛乳の真空濃縮法を発明．
1896　：花島兵右衛門，日本で初めて真空釜を造る．
1909　：河井茂樹，噴射湿式凝縮器付真空釜（vacuum pan with jet wet condenser）を製作．
1918　：森永乳業㈱，アメリカよりバフロバック（Baflovak）型急速循環式エバポレーターを導入，設置．
1954　：雪印乳業㈱，薄膜上昇式2重効用缶導入（デンマーク Anhydoro 社）
1959　：明治乳業㈱，プレート式2重効用缶導入（イギリス APV 社製）
1966　：薄膜下降式熱圧縮機（TVR）付3重効用缶導入（ドイツ Wiegand 社）
1973　：薄膜下降式機械圧縮機（MVR）付4重効用缶導入（ドイツ Wiegand 社）
1980　：60年間，加糖練乳は真空釜で造られてきたが，この年より薄膜下降式3重効用缶で製造されるようになった．

4.8 乾燥（Drying）技術

4.8.1 円筒式乾燥機（Drum Dryer）

牛乳は約88％に及ぶ水分を有する．したがって，牛乳を長期間保存するため，また，その容積を減少させるためにも水分を少なくすることが昔から

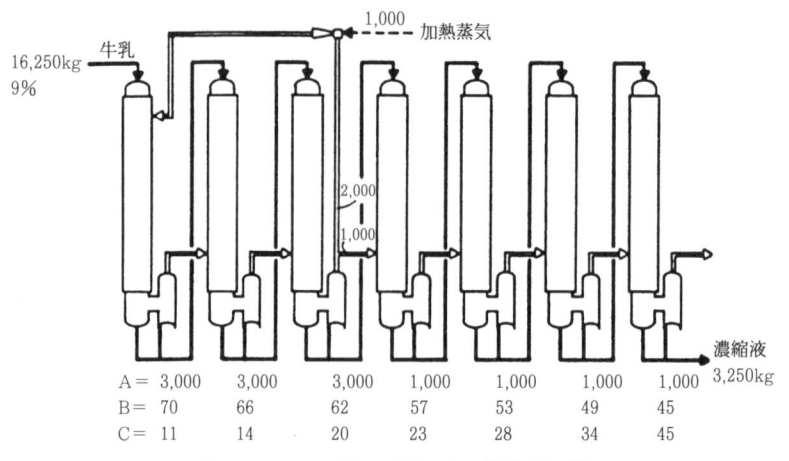

図 4.44 TVR付7重効用缶の操作状況[51]
A：蒸発量 (kg)，B：沸騰温度 (℃)，C：濃縮固形率 (%)

表 4.21 蒸発缶のエネルギー消費量の比較[51]

蒸発缶型式	5重効用 TVR	7重効用 TVR	単効用 MVR/ 2重効用 TVR
製　　　品	脱脂乳	脱脂乳	脱脂乳
能　　力 (kg/h)	15,000	15,000	15,000
入口固形/出口固形 (%)	9/50	9/50	9/50
水分蒸発量 (kg/h)	12,300	12,300	12,300
殺菌温度 (℃)	90	90	90
蒸気消費量 (kg/h)	1,610	1,190	375
蒸　気　圧 (bar)	10	10	10
凝　縮　水 (kg)	13,400	13,400	12,800
凝縮温度 (℃)	54	51	22
動力消費量			
MVR　 (kW)	—	—	150
モーター (kW)	75	75	50
冷却水量 (m³/h)	32	35	2*
冷却水入口/出口温度 (℃)	28/35	28/35	12/50
蒸気比 (使用水蒸気量/			
蒸発水分量)	0.130	0.097	0.030

＊ 原料乳温度が5℃以上になった時のみ使用．

考えられてきた．1871〜1872年（明治4，5年）頃，日本では次のような方法で牛乳を乾燥していた．青銅製の容量1斗（18*l*）の鍋に牛乳を入れ，七輪にかけ，とろ火で形のつくまで濃縮した後，冷却する．これを団子状に丸

め，マッチ箱ほどの真鍮金枠に手で押し込み，日光で乾燥する．カビが生えやすいので毎日カビを白布で拭き取る．やがて乾固するが，これを削り取り，湯に溶かして飲むという．これが日本における乾燥牛乳である[52]．この方法は水分を少なくし，保存面では改善されたが，溶解性が悪く水を加えて原液濃度に戻すことは困難であった．1902年，デンマーク・コペンハーゲン市のウィンマー（Wimmer）は牛乳を真空容器内に入れ，熱風を送りながら撹拌して煮詰めていき，最終的に乾燥粉砕する方式の特許を得ている．この方式を乳餅（にゅうべい）式（dough process）というが，溶解性が悪く間もなく廃れてしまった．次に現れたのは円筒式乾燥機（drum dryer）である．この乾燥機は1899年，スウェーデン・ストックホルム市のマルチン・エッケンベルグ（Martin Ekenberg）が考案し，1902年，イギリスのジャスト・ハットメーカー（Just-Hatmaker）が特許を取得，漸次改良を加えている．この装置は真空室中にニッケル製の回転円筒を持ち，この上に予備濃縮した牛乳を薄膜状に流下させ，円筒が3/4回転する間に乾燥させるものである．削刃（けずりは）（doctor knife）により削り落とされた薄片は粉砕された後，包装される（図4.45）．その後，スリーパー（Sleeper）が1911年より1916年まで部分的に特許を得て，バフロバック（Buflovak）型円筒式乾燥機〔Buffalo Foundry & Machine Co. 後にブローノックス（Blaw-Knox）と社名変更〕を完成させた（図4.46）．日本では1919年（大正8年），森永製菓会社が本機を輸入したのが円筒式乾燥機による牛乳乾燥の始まりである．能力は700〜800kg/h（水蒸気量300〜400kg/h）であった．この装置で造られた製品は細菌数が少なく（噴霧式の1/10），保存性が良く（噴霧式の2倍），消化性も良い．しかし，塵埃（じんあい），溶解性では噴霧式にははるかに劣るといわれた．

4.8.2 噴霧乾燥機（Spray Dryer）

噴霧乾燥の発明は1872年，アメリカのパーシー（Samuel Percy）によってなされた．その後パーシーの原理を改良し，1901年，ドイツのスタウフ（Rebert Stauff）は温風の中に牛乳をノズルで噴霧して乾燥する方法の特許を得ている（図4.47）．1907年，メーレル・スール（Merrell-Soule）社はスタウフの特許を購入し，改良を行った．

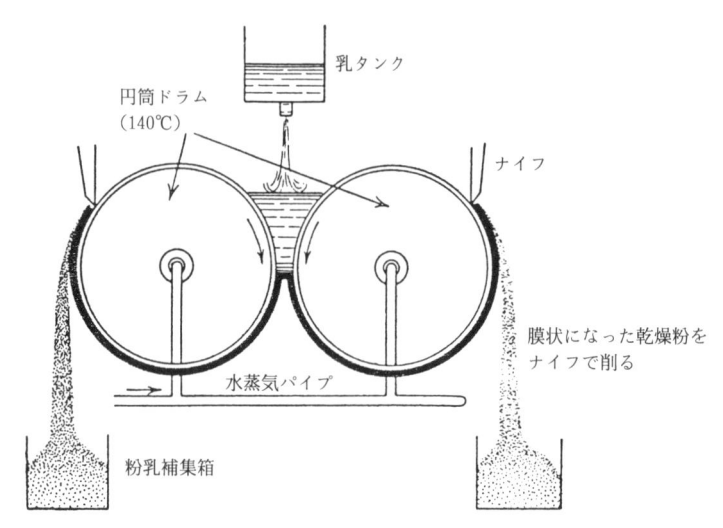

図 4.45 ジャスト・ハットメーカーの円筒式乾燥機[53), 54)]

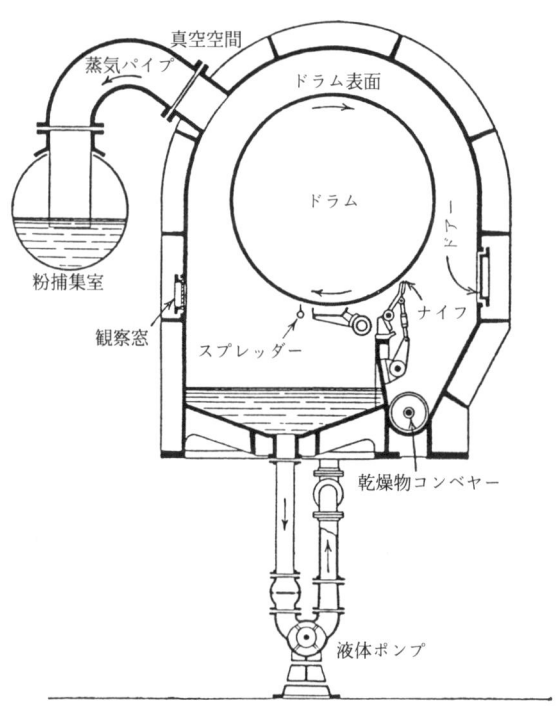

図 4.46 バフロバック型真空円筒式乾燥機[53), 54)]

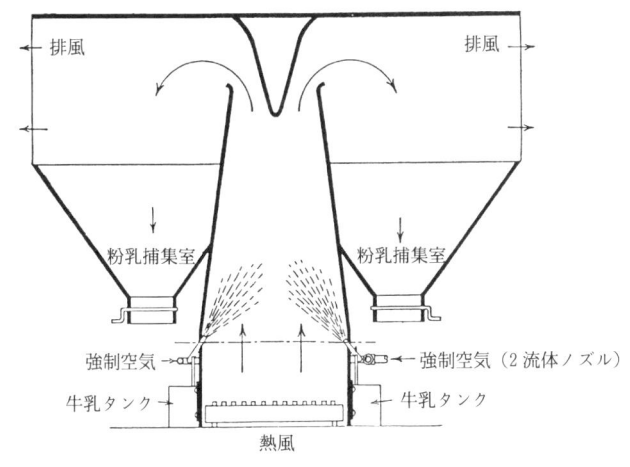

図 4.47 スタウフの噴霧乾燥機[53],[54]

次に日本に輸入された噴霧乾燥機（図 4.48）について述べる．

1) **メーレル・スール（Merrell-Soule）**

アメリカ製の水平並流圧力噴霧型で，工業的に最も成功した乾燥機である（図 4.49）．日本では 1924 年（大正 13 年），大日本製乳㈱（明治乳業の前身）が輸入し，1951 年（昭和 26 年）まで使用された．強力な圧力ポンプを持ち，15～30MPa の圧力，0.1～0.3mm のオリフィスのノズルで噴霧する．熱風温度 130～140℃，排風温度 50～60℃ で，能力 5～6 石/時（900～1,040l/h）である．乾燥塔内圧は -5mmAq．

2) **クラウゼ（Krause）**

1912 年，ドイツのクラウゼ（George A. Krause）が遠心式噴霧乾燥機の特許を得ている（図 4.50）．1935 年（昭和 10 年），陸軍糧秣所に軍の粉末食糧の研究のために本機が導入された．この遠心式の乾燥機は回転円板（disc atomizer）を持ち，その回転数は 7,500～8,500rpm，直径は 25cm であった．回転円板は皿状で上向きに取り付けられ，乾燥塔底部の中心部に置かれている．1/4～1/5 に濃縮された原料牛乳が円板上部より供給される．濃縮乳は高速回転する円板により微粒化され，斜め上方に噴霧された液滴は 120～150℃ の熱風により瞬間的に乾燥される．粉体状になった製品は浮遊しながら平

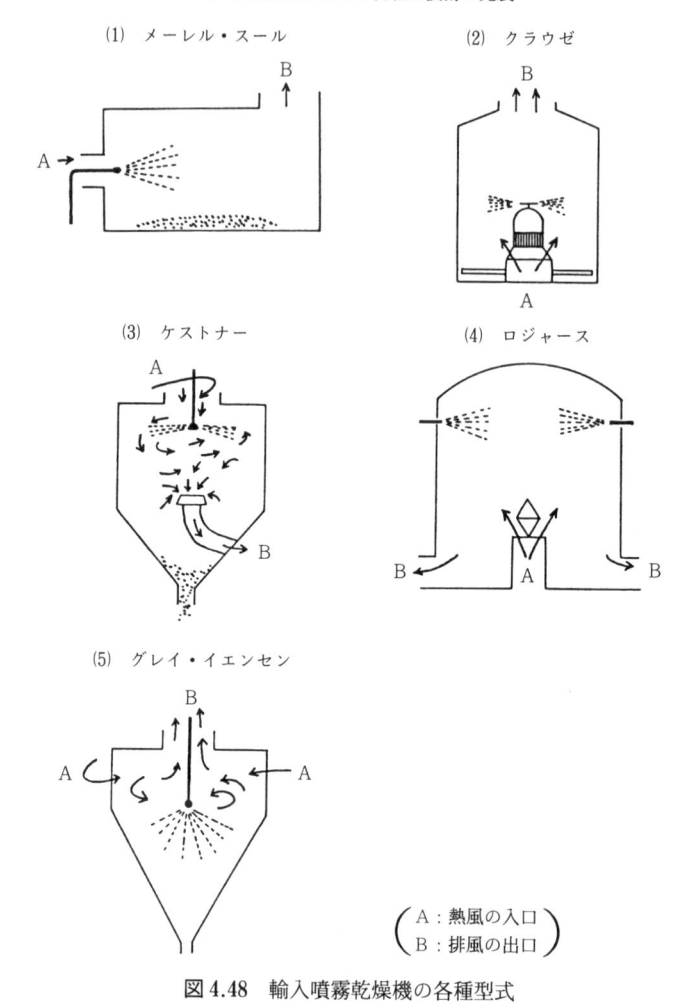

(1) メーレル・スール
(2) クラウゼ
(3) ケストナー
(4) ロジャース
(5) グレイ・イエンセン

$\begin{pmatrix}A:熱風の入口\\B:排風の出口\end{pmatrix}$

図4.48 輸入噴霧乾燥機の各種型式

らな乾燥塔底部に落下する．塔底部に堆積した粉乳は運転終了後，人が塔内に入ってかき集め，溜缶（ためかん）に回収する．排風は70〜80℃で乾燥塔上部から逃がすようになっている．この方式は高温空気の中に円板の駆動機構があり，潤滑法に無理があったので，長時間運転の場合に問題が生じた．そこで，駆動機構を塔外部に出し，円板を塔上部から吊り下げるようにした（大行社・岩井久吉社長談）．その頃の資材難は深刻で，乾燥塔の内張りにベニ

(a) 正面写真（雪印乳業幌延工場，1952年）

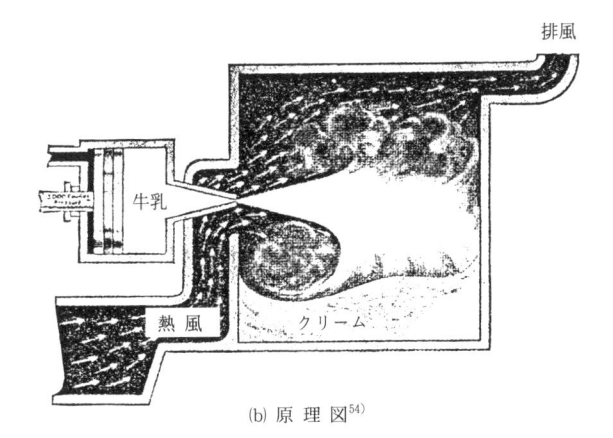

牛乳
排風
熱風
クリーム

(b) 原理図[54]

図4.49 メーレル・スール乾燥機（水平並流圧力噴霧式）

ヤ板を使う状態であった（岩井機械・八木孝之社長談）という．

3) **グレイ・イエンセン（Grey Jensen）**

1913年，グレイ・イエンセンが圧力ノズルによる円錐型噴霧乾燥機を開発した．アメリカ，オセアニアの古い粉乳工場では1970年頃まで使用されたポピュラーな乾燥機である．

4) **ケストナー（Kestner）[53]**

イギリス製で，1930年（昭和5年），森永製菓奈井江工場に導入された．遠心式椀型ディスクを持つ．回転数 7,500〜8,500rpm，熱風温度 120〜150℃で，当時としては大変溶解性の良い粉乳を造ることができ評判になったと

図 4.50 クラウゼ乾燥機（遠心回転円板式，1949 年）

いう．

　日本で 1952 年（昭和 27 年）まで使用されていた牛乳用噴霧乾燥機は戦前に輸入されたものであった．

　以上の乾燥機はいずれも回分式で，3〜4 時間乾燥する．乾燥した粉は塔底部に堆積させる．その後，運転を停止し，頭から足先まで白布の作業衣を着て，長靴を履き，スコップを持って堆積している粉を塔外に置いた溜缶に取り出す．塔内の温度は 70〜80℃もあり，まるでサウナに入っているようで乾燥係の仕事は大変きついものであった．ノズルオリフィスや回転円板の通路が乳固形で狭くなり，微粒化が不完全になって，未乾燥粉と焦げ粉を造るということがしばしばあった．このような時には運転を一時停止して洗浄しなければならなかった．また，粉の冷却装置がなかったので，製造直後の粉乳温度は 70℃前後となり，品質低下の問題が生じた．特に夏期には脂肪の酸化による牛脂様（tallowy）フレーバーの発生や，空気からの水分の吸収による固化の問題を生じた．

　1952 年，アメリカのブローノックス（Blaw-Knox）社よりバフロバック型水平並流噴霧乾燥機（図 4.51）が，1953 年にデンマークのアンハイドロ

(Anhydro) 社の噴霧乾燥機（図4.52）が輸入された．これらの乾燥機ではスクリューコンベヤー式またはデスチャージデバイス方式で連続的に粉が排出されるようになり，作業者の負担の軽減と製品品質の向上につながった．1970年代に入ると，それぞれ自社設計の乾燥機が使用されるようになった（図4.53）．

表4.22に1948年より1985年まで約40年間の噴霧乾燥機の性能の変化を示す[43]．この表より，水分蒸発量は127kg/h→3,950kg/h（約31倍）に，熱効率は30%→52%に，熱容量係数は28.2kcal/m³・h→75.6kcal/m³・h（2.7倍）に上昇していることが分かる．塔

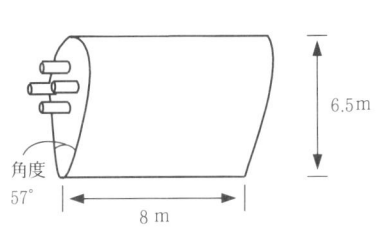

図 4.51 バフロバック型水平並流噴霧乾燥機

図 4.52 アンハイドロ社製噴霧乾燥機（雪印乳業八雲工場, 1953年）

容積当たりの水分蒸発量は 1.8kg/m³→6〜8kg/m³ と 3〜4 倍に上昇している.このように牛乳用噴霧乾燥機はコンパクトな設計で熱効率が高く,水分蒸発量の大きいものが製作されるようになった.これは高圧ポンプ,ノズル,回転円板などの技術上の改良進歩により,高粘性液の微粒化(図 4.54)が可能となり,熱風と微粒化液滴との混合,拡散が円滑になったことによる.最近の噴霧乾燥機は流動層併用の 3 段乾燥法で,熱効率が高く,造粒ができるようになっている(図 4.55).所要熱エネルギー量はおおよそ 10.9GJ/t-製品,2.5kg-水蒸気/kg-乳水分であり,粉乳生産量は 4〜5t/h となっている.そして,塔天板への付着が少なくなり,焦げ粉がなく,溶解性に優れた粉乳を製造することが可能となった.

最近の情報によると,ニュージーランドの NZDG(New Zealand Dairy Group)社の Te Rapa 工場では,粉乳生産量 23t/h という大生産量を誇っている(4 基の乾燥機).圧力噴霧式で 48 本のノズルを持ち,常時 36 本のノズルで噴霧し,あとの 12 本は洗浄やメンテナンスフリーの状態にし,予備

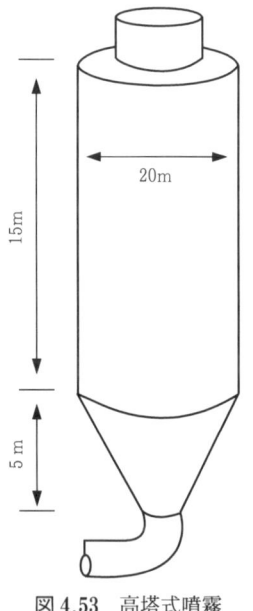

図 4.53 高塔式噴霧乾燥機

図 4.54 圧力ノズルからの高粘性液の噴霧状況(Spraying System 社ノズル)
固形率 49%,粘度 120mPa・s,噴霧角 75°,オリフィス径 2.5mm,圧力 15MPa,流量 840*l*/h.

4.8 乾燥（Drying）技術

表 4.22 牛乳用噴霧乾燥機の変遷[48]

項目	年	1948	1948	1954	1957	1962	1973	1985
乾燥機型式		クラウゼ（ドイツ）	メーレル・スール（アメリカ）	アンハイドロ（デンマーク）	バフロバック（アメリカ）	バフロバック（アメリカ）	雪印乳業開発（日本）	雪印乳業開発（日本）
送風部	空気量 (NTPm³/min)	95	127	102	226	223	1,590	1,650
	送風機動力 (kW)	2.2	5.6	7.5	11	15	90	250
加熱部	式	エロヒンヒーター	同 左	重油燃焼炉による熱交換	エロヒンヒーター	同 左	エロヒンヒーター＋LPG燃焼	同 左
微粒化部	蒸気圧 (kg/cm²)	5	5.3		7	10	10	10
	空気温度 (℃)	128	133	197.5	160	183	153	183
	式	平滑回転円板 300(mm)	高圧ノズル 1 (本)	回転円板 250 (mm)	高圧ノズル 3 (本)	同 左 (本)	同 左 1 (本)	同 左 1 (本)
	直径または ノズル本数 rpmまたは kg/cm²	6,000	100	10,200	200	140	195	240
排風部	空気温度 (℃)	72	82	109	85	88	99	99
	空気量 (NTPm³/min)	125	127	137	272	302	1,580	1,700
	排風機動力 (kW)	7.5	10	15	22.5	30	350	350
乾燥室部	型式	垂直上昇並流	水平並流	垂直下降並流	水平並流	同 左	垂直下降並流	同 左
	容積 (m³)	69	約50	63	95	66	640	640
	生産量 (kg/h)	90	100	244	260	465	2,600	3,950
諸性能	水分蒸発量 (kg/h)	127	100	282	300	537	2,600	3,950
	熱効率 (%)	29.8	27.0	43.0	30.2	33.6	41	52
	蒸発能力 (kg-H₂O/kg-air)	0.0166	0.0109	0.0359	0.0259	0.0239	0.0213	0.0300
	供給比 (kg/kg-air)	0.0247	0.0273	0.0710	0.0474	0.0399	0.0416	0.0594
	熱容量係数 (kcal/m³・h)	28.2	25.0	58.3	46.9	89.0	61.2	75.6
	乾燥塔容積当たり水分蒸発量 (kg/m³)	1.84	2.00	4.48	3.16	8.14	4.06	6.17

114　4. 単位操作としての乳加工技術の発展

図 4.55(a)　流動層内蔵3段式乾燥機外観写真[51]

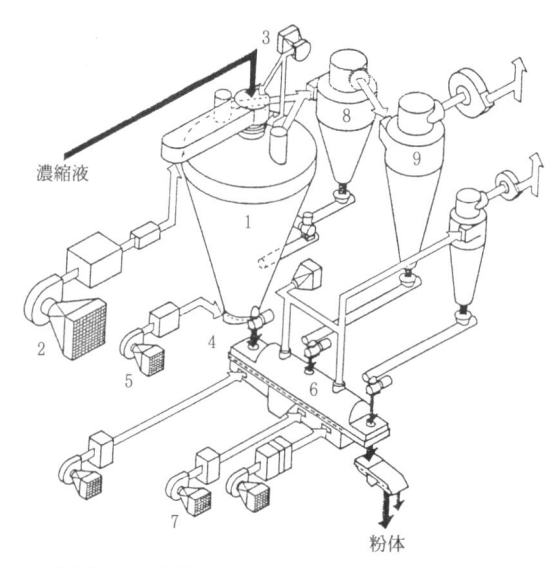

図 4.55(b)　流動層内蔵噴霧乾燥機（3段乾燥）流れ図[51]

1：乾燥室，2：主熱風，3：ノズル，4：流動層，5：4に入る乾燥空気，6：振動流動層，7：6に入る乾燥冷却空気，8：微粒子を捕集するサイクロン，9：二次サイクロン

4.8 乾燥（Drying）技術

として置かれるという．このような大量生産ではスケールメリットがあるが，しかし一旦故障や停電が起きた際には，再生品が多くなり，小回りがきかないというデメリットを生じる可能性もある．

牛乳の乾燥技術の発展を時系列で示すと次のとおりである[26), 52)–54)].

- 1877年：北海道開拓使が真駒内の牧場で粉乳を作り内国勧業博覧会に出品．
- 1902：イギリスのジャスト・ハットメーカー（Just-Hatmaker）が常圧の円筒式乾燥機の特許を得る．
- 1899：スウェーデンのエッケンベルグ（M. Ekenberg）が真空式円筒乾燥機を開発，100℃以下での乾燥が可能になった．
- 1906：アメリカ・ニューヨーク州アーケードにメーレル・スール（Merrell-Soule）噴霧乾燥機による粉乳工場が造られる．
- 1911：アメリカでバフロバック（Buflovak）型真空式円筒乾燥機が導入される．圧力噴霧乾燥機による粉乳工場がカリフォルニア州ファンディールに建設される．
- 1917：和光堂が"キノミール"の商品名で粉乳を売り出す．
- 1918：山形の梅津勇太郎，練乳会社を設立（1913年）し"オシドリ"という商標名で粉乳を売り出し好評を得る．
  森永製菓㈱，バフロバック型急速循環式エバポレーターを購入．
- 1920：森永製菓㈱，バフロバック型円筒式乾燥機を輸入．この乾燥機で造った粉乳は溶解性が悪く不評であったが，次第に品質を改善していった．
- 1924：森永製菓㈱，バフロバック型円筒式乾燥機2基を輸入し，有糖と無糖の全脂粉乳を製造した．原乳脂肪2.9％，加糖率1.5％，ビスコーゲン0.5％の溶液より次のような粉乳が造られた．水分1.6％，脂肪20.7％，乳糖35.1％，ショ糖13.1％，たん白質23.7％，灰分5.8％，粒子径200～300μm．
- 1930：森永製菓㈱，イギリスのケストナー（Kestner）社より遠心式噴霧乾燥機を導入，全脂粉乳を製造し，溶解性が良く好評であった．
- 1946：インスタントスキムミルクが開発される（Dairy-Lac, Canation社など）．
- 1952：森永乳業㈱，バフロバック型水平並流圧力式噴霧乾燥機が日本に導入される．
- 1953：雪印乳業㈱，デンマークのアンハイドロ（Anhydro）社より遠心噴霧乾燥機（垂直下降並流圧力式）を輸入．
- 1966：森永乳業㈱，MD型乾燥機を開発，ニュージーランド，ヨーロッパに輸出する．

1964～1980：塔径6～8m，塔高15～18mの高塔式（tall form type）で大型の噴霧乾燥機（垂直下降並流圧力式）が乳業各社で製作される．

1985　　：デンマークのニロ（Niro）社，遠心噴霧乾燥機で造粒を行い，熱効率を高めるために乾燥塔に併設して流動層を取り付ける．

1996　　：圧力ノズル32本を使った巨大な噴霧乾燥機が出現（ニュージーランド）

4.9　乳業工場の自動制御（Automatic Control of Dairy Plant）

自動制御とは「人間の監視，決断，動作などに代わる，機械的あるいは電子システムによる加工工程の自動的管理」である．乳加工工程の変化量（温度，圧力，pH，流量，液位など）は，伝送・発信器（transmitter），制御盤（controler），発動器（acutuater）からなる制御回路（control loop）により，ある一定の操作範囲内に制御される．

日本の乳業工場は次のような処理乳量の増加を経て，次第に自動化が進められてきた．

1) 手　　　動：1955年まで，日量4～9t
2) 機　械　化：1956～1965年，日量80t
3) 自動化初期：1966～1975年，日量160t
4) 自動化後期：1976～1998年，日量400～500t

日本の飲用乳工場の処理乳量は，中小企業が多いため年間約10,000tと少ないが，乳製品工場（主として北海道）では平均年間処理量約10万tである．しかし，ニュージーランド，オランダなどでは70万t台の大型工場があり，自動化が進んでいる．

図4.56に日本の乳業工場の自動制御室を示す．

1960年代，乳業工場はその操作方式に急激な変化を示すようになった．それまでの乳加工は手動により，それぞれ装置の末端において部分的に操作が行われていた．手動方式では，少数の工場熟練者により，機器の起動・停止，バルブ操作，運転終了後の洗浄が行われていたのである．乳業工場の規模が大きくなるにつれ，機器の数，型式，大きさなどが増し，手動による作業量が増加した．特に洗浄作業は骨の折れる作業で，製品と接触する機器を，1日に一度，手で取り外して洗浄しなければならなかった．また，生産量が

4.9 乳業工場の自動制御 (Automatic Control of Dairy Plant)

図 4.56 近代化された乳製品工場の自動制御室
(雪印乳業野田工場)

増加するに従い，個々の操作のタイミングが次第に厳しい状態になっていった．例えばバルブの切り替えが早いか遅いかにより生産量が大きく変動したり，さらにオペレーターの誤操作により，品質の低下，乳固形の損失，時間のロスなどの問題が生じた．

1960年，森永乳業㈱がCIP (cleaning in place，定置洗浄) 法を導入し，次第にこの方法が乳業に普及するようになった．CIPの普及により，洗浄のために機器を分解する必要がなくなった．この洗浄方法は，一定のプログラムにより生産ラインを循環する各種洗剤（水，アルカリ液，酸性液など）をシーケンス制御することによって行われている．

今日の乳業工場の自動制御は，プログラム化されたコンピューターを基礎とし，複雑で高度な計算ができるようになった．チーズ，アイスクリーム，加工乳などの製造工程では，脂肪率，固形率などの調整が行われる．これを標準化 (standardization) というが，この工程は遠心分離機でクリームと脱脂乳に分け，さらに有害菌，塵埃（じんあい）などの一部を取り除き清浄化も行う．この後，マイクロプロセッサーを利用して，分離されたクリームを混合し所定の脂肪率になるようにする．図4.57に自動化による製品の標準化のプロセスを示す26[25), 26)]．

また，アイスクリームミックスの製造では，牛乳，クリーム，砂糖などを

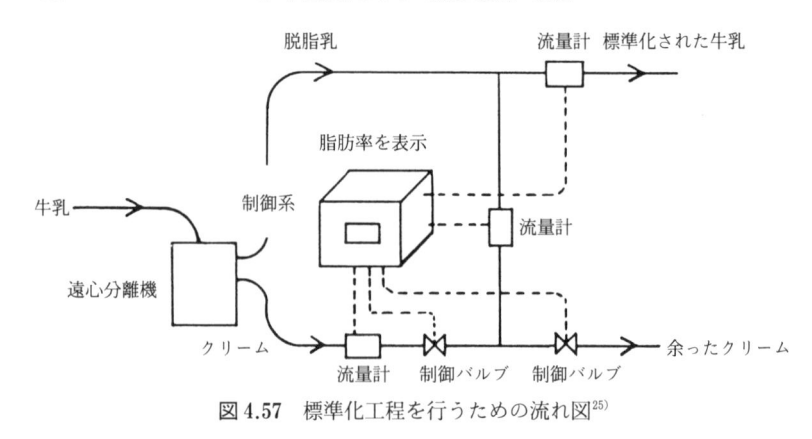

図 4.57 標準化工程を行うための流れ図[25]

主原料として多数の材料を調合しなければならない.このような調合工程では,コンピューターのプログラミングにより,配合表に従って計算し,自動的に調合することができる.

4.9.1 センサーによる工程の自動化[25]

乳業では大量生産工程となり,その中で製品組成を一定にすることが求められる.例えば,バター,チーズ,粉乳などの水分は,乳等省令の規格に従って一定値にしなければならない.連続運転中に水分の制御を行うには,物理的手法(誘電率,遠赤外線など)に頼らざるを得ない.その一事例として,チーズ製造工程のセンサーによる自動化について述べる.

チーズ製造工程は,基本的に(1)乳凝固,(2)乳凝固の切断,(3)ホエー排除の3工程より成っている.すなわち,牛乳に乳酸菌,レンネット(凝乳酵素)を加えて凝固させ,これをピアノ線で細かく切断する.この切断時期の判断は,チーズの歩留り,品質に重要な影響を与える.この判断は,チーズが造られ始めてから今日まで(少なくとも400~500年間),人の感覚や経験に頼ってきた.1984年,細線加熱法というセンサーの開発によって,この判断を機器によって行うことが可能になった[55].この測定原理は,レンネット添加後のチーズ乳に2本の金属細線を10mm間隔で入れ,一方の細線に一定電流を通すとジュール熱により細線の温度が上昇する.チーズ乳が凝固し

なければ粘度が低いので対流伝熱が起こり，2本の細線の間に温度差が生じない．しかし，チーズ乳が凝固し始めると粘度が高くなり伝導伝熱となり，2本の細線の間に温度差（Δt）を生じる．このΔtを測定することにより乳凝固の切断時期の判断を自動的に行うことができる．

4.9.2 シーケンス制御 (Sequence Control)

この制御方式はデジタル信号を用いるので，バルブを全開かまたは全閉かのように2値で示し，連続操作で理論演算機能を持つ．主な制御機能は次のようなものである．
1) バルブ，モーターなどの起動，停止などを制御系に伝達．
2) 温度，圧力などの変量を伝達．

具体的には次のようになる．
1) 原料乳貯乳用サイロタンク内液面の制御
   ＊タンク内液量，液面の上限・下限の設定，液温度の設定．
2) 原料乳の正確な処理
   ＊流量計による各工程への流量の管理．
3) 牛乳殺菌温度，時間の自動制御
   ＊温度が設定値以下になると流量調節バルブにより供給ラインに戻す．
4) 水，冷媒，熱媒の消費量の正確な把握
   ＊温度，圧力，流量の制御．
5) 処理工程の安全性の確保
   ＊インターロック機構による誤作動の防止．

1970年代，マイクロプロセッサーの登場により，集中制御方式から分散型制御方式（distributed control system）へと変わった．これにより連続プロセス制御のみでなく，バッチ制御，シーケンス制御が可能となった．最近では，不連続工程（discrete process）においてもFA（factory automation, コンピューターと自動機械を連動させ柔軟な生産システムを目指す自動化）が発展している[25), 26)]．

4.9.3 自動化のために必要な条件

自動化に必要な条件として次の5点を挙げることができる[25]．

1) 危険な誤作動の防止

処理温度が不適切で有害微生物の殺菌が不十分，または過度の熱処理によりたん白質の熱変性がないようにする．

2) 品質の一定化

例えば，洗剤や水の一部が製品に混ざったりしないようにする．製品の風味，新鮮さ，色などの品質を一定にする．

3) 製品の信頼性

従来，小規模な工程では監視，操作という理論的な処理を人間が行ってきたが，近代化された工場では種々の操作が要求され，手動では対応できない状況になった．完全な自動制御により製品品質の信頼性が高まる．

4) 経済的操作

正しく設計された工程では，自動制御の導入により効率的に操作することができる．省力化が著しく進み，少人数での工程管理が可能となった．また，各種機器の運転条件，生産量の記録など，従来オペレーターが管理，報告していた業務を自動的に記録，報告できるようになった．

5) 安全性の向上

オペレーターの作業量の軽減，単調な作業の減少，騒音の防止，有毒で腐食性のある液体との接触を少なくすることなどが可能となった．

以下に，乳業の自動制御の経過を時系列で示す．

- 1966年：有接点を持った On-Off による自動化．
- 1967　：市乳工程にシーケンス制御を採用．
- 1968　：粉乳製造工程にシーケンス制御を採用．
- 1970　：製品の先入・先出を行う自動倉庫の開発．
  集中制御から分散型制御システムへ移行．
- 1973　：育児用粉乳製造工程にシーケンス制御を採用．
- 1977　：工場受入れ乳の計量にトラック計量方式を確立．
- 1979　：直接式デジタル制御（direct digital control）による調合ラインの自動化．

1982 ：大型シーケンサーによる完全自動化.
1983 ：製品冷蔵用立体倉庫の採用.
1985 ：CRT（cathode ray tube, 陰極線管）方式の導入（制御盤による監視方式）
1989 ：コンピューター統合生産方式（computer integrated manufacturing）の導入.
1994 ：カマンベールチーズ製造の自動化.

4.10 牛乳容器（Milk Container）

4.10.1 牛乳容器の変遷

　現代の牛乳容器は，液状乳製品をメーカーから消費者に送るための重要な役割を持っている．その容器の性質としては，(1)形状が魅力的，(2)衝撃，光，熱などに対する抵抗性，(3)簡単に開けて注ぐことができる，(4)外部から臭いを吸収しない，(5)運ぶのが楽であること，などである.

　牛乳容器を歴史的に見ると以下のようになる.

　明治初年頃，牛乳は希望する量に応じた量り売りであった．その単位は5勺（しゃく）(90ml)で，柄のついたひしゃくのような容器で量っていた．1877年（明治10年），1合（180ml）入りのブリキ缶を用いた記録がある．1889年（明治22年），東京牛込の津田牛乳店がガラス製の瓶を用いるようになった．これが，わが国最初の牛乳瓶である．現在の牛乳瓶と違い，肩張りと称し細口の部分が長く（図4.58），口には紙を巻いた．この瓶は当時，市販されていたソース瓶，ミカン水（ミカンジュースのようなものと考える）瓶と形態が同じであったので，小さな牛乳店では牛乳瓶としては注文せず，これらの瓶をそのまま用いて販売していた．1895年（明治26年），東京第一の牛乳店である北辰社は，牛乳瓶の口に紙片を張り蓋にした[52]．この頃から1945年（昭和20年）までの日本の市乳事業は微々たるもので，容器は1合瓶が主流となっていた．この時代は日本では牛乳を飲む人は少なく，当時の物価に比べ高価なもので，牛乳を配達してもらうことが一種のステータスシンボルになっていた.

　アメリカでも1930年から1950年までは日本と同じで，牛乳瓶が主として

用いられていた．各家庭の裏口のドアステップに牛乳瓶が置かれているのは，アメリカの生活の象徴的光景であった．しかし，アメリカの乳業メーカーはこの牛乳瓶の配達に満足していたわけではなかった．瓶は洗浄に膨大なコストが掛かり，破損，紛失の問題もあったからである．1935年，エクセル・コーポレーションはオハイオ大学が開発したピュアパック（Pure Pak）という紙容器の製法の権利を買い取り，紙容器製造機械の改良に取り組んだ．最初のピュアパックは飲む時に上部を切り取らなければならなかったが，1952年に注ぎ口がつけられた[54]．1967年になるとカートン包装が70%を占めるようになった．アメリカの牛乳は1クオート（0.946l），半ガロン（1.893l），1ガロン（3.785l）のカートンに入れて売られている．半ガロン以上は容量が大きすぎて注ぐのが大変なので，牛乳用プラスチック容器が誕生した[56]．

図4.58　わが国最初の牛乳瓶[52]

1956年，日本でも紙容器が導入されたが，消費者は瓶容器に慣れていたので初めのうちは中々普及しなかった．特に紙容器は中が見えないことが不安の一因となった．しかし，次第に瓶から紙容器に転換していったのであるが，それは次のような理由による．

1) 環境問題：都市では洗瓶機の騒音，洗剤の処理，瓶の保管など．
2) 包装充填機の技術革新：無菌充填包装システムの確立．
3) メーカー，流通業者，消費者の三者にとって取扱いが簡便で安全である．

1998年には日本の紙容器の使用率は約87%に達した（図4.59〜4.61）．瓶には上記のような問題があったが，紙容器は洗浄，殺菌の手間が省けワンウェイとなる．消費者は今日，牛乳をほとんどスーパーで購入しているので，軽くて持ち運びの楽な紙容器が今後も同じように使用されるものと思われる．これからは，環境問題として紙容器をいかにリサイクルするかが大事なことになろう．

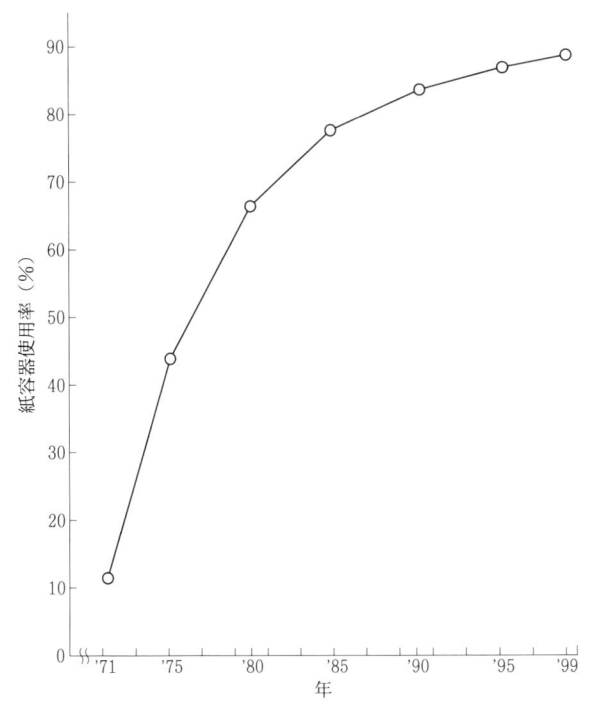

4.10 牛乳容器（Milk Container）

図 4.59 日本における飲用牛乳の紙容器率（1971～1999 年）
資料：農林水産省，テトラパック社．

4.10.2 無菌充填包装（Packaging of Aseptic Filling）[57]-[59]

　加熱処理による滅菌法が古くから使用されているが，食品を高温に長時間保持すると品質の劣化を起こすので，UHT 法や静水圧レトルト方式のように連続的に高温短時間で滅菌を行うプロセスの開発が進められてきた．高粘度食品やペースト状食品，固体の混じった液状食品をそのまま滅菌する技術は，アメリカの各大学で研究が続けられている．

　食品と容器をそれぞれ別個に滅菌して，無菌的な環境で充填・包装する技術は，缶詰の無菌充填（ドール・システム）から始まり，1961 年にテトラパック（Tetra Pak）社が紙容器の無菌充填システムを実用化し（図 4.62），牛乳と果汁の LL（long life）製品が出現した．この工程は，滅菌した製品を滅菌した容器に細菌の二次汚染がないように充填・密封することが必要で，充

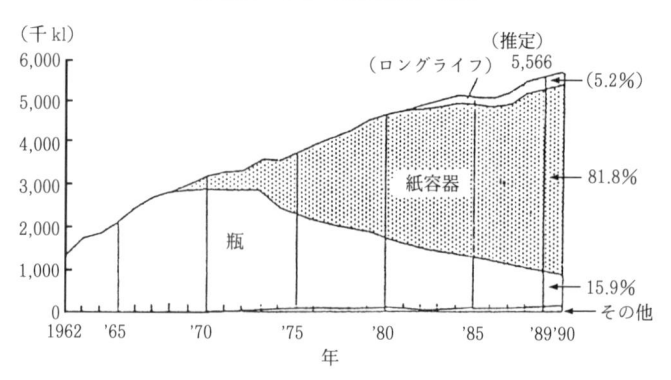

図 4.60　牛乳，乳飲料の消費量と瓶，紙容器比率
資料：農林水産省，日本テトラパック社

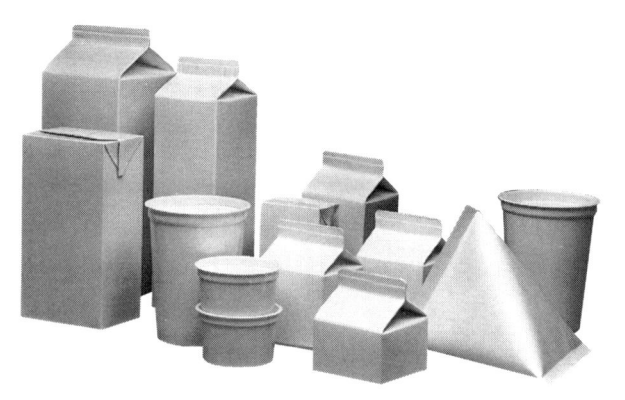

図 4.61　各種紙容器[7]

充填前の装置の洗浄と滅菌，充填中の装置内への陽圧無菌空気の供給，充填後の装置の洗浄を含めた総合的な技術によって成り立っている．現在では，牛乳，デザート食品，コーヒークリーム，業務用クリーム，アイスクリームミックスなどの LL 化が実現している．アメリカには，ヨーロッパ諸国より約 15 年後れてこの方式が導入された．主な理由は，30％過酸化水素溶液による包装材料の殺菌に関して，FDA が認可しなかったためである．1981 年に，この方法が病原菌の殺滅に効果があり，残存物による害もないと判断されて認可された．

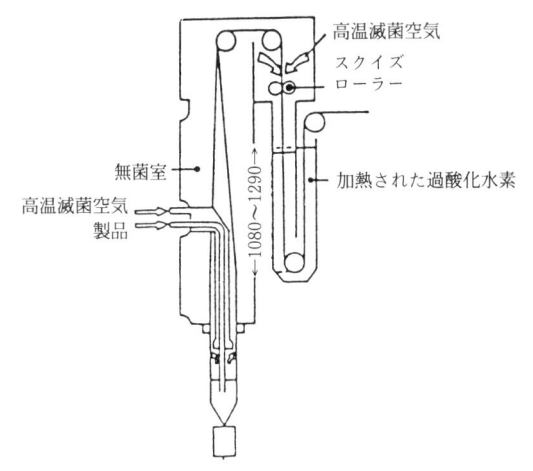

図 4.62 テトラパック社の無菌充填システム[7)]

日本における LL 牛乳の生産量は，1979 年の統計では飲用牛乳に占める割合が 0.6%，1997 年でも 1.7% で微々たるものである．この製品は開封しなければ常温において 3 か月は品質を保証できるとしているが，日本では冷蔵庫の普及，消費者の LL 牛乳の風味に対する抵抗などにより，今後もあまり普及しないのではないかと考えられる．

表 4.23 に包装および無菌充填包装技術の発達の歴史を示す．

4.11 乳加工装置の材料

1955 年（昭和 30 年）まで，日本の乳加工装置（秤量タンク，受乳タンク，予熱機，真空釜，冷却機，サニタリーパイプなど）は銅または銅合金製で，その表面にスズメッキをしていた．例えば，真空釜内部は全て銅にスズメッキが施されていた．コイル（伝熱管）は対流伝熱が悪いため，その表面が焦げつくことが多かった．そこで作業終了後，作業者が 2 人釜の中に入り，コイル表面に付着した乳固形を金網ブラシで擦り落とすのが通例であった．そのためスズメッキはすぐ剥げた．このようなコイルで濃縮した製品には銅イオンが析出し，銅臭を与える結果となった．また，脂肪には酸化作用を与え，その触媒作用により牛脂臭（talloway flavor）を伴うことが多かった．

表 4.23 包装および無菌充填包装技術の発達[56)−59)]

西暦(和暦)	事項
1765	アベー・スプランツァーニ(イタリア)の瓶詰による保存技術の研究.
1804	ニコラ・アペール(Nicolas Appert,フランス),瓶詰の加熱殺菌法発明.
1810	ピーター・デュラン(Peter Durand,イギリス),ブリキ缶発明.
1825	ケンセー(Kennsett)とダーゲー(Daggett)が,缶詰容器に関し最初のアメリカ特許を得る.
1839	アンダーウッド(Underwood,アメリカ)とケンセーが,ガラス容器から缶詰容器に変えることを提唱し,短期間に普及させることに成功した.
1847	缶の本体の型打ちが機械的にできるようになった.
1900	エナメル塗装によるサニタリー缶が導入される(アメリカ)
1917	アメリカにおいて無菌包装の概念が生まれる.
1920年代	UHT(ultra high temperature)による無菌充填包装システムの原理がデンマークで開発される.
1921	エナメル塗装缶を低酸度食品用として工業的に生産開始.
1926	アメリカ・オハイオ州立大学で四角い紙製カートン(ピュアパック,Pure Pak)を開発.この装置の生産量は3人で1時間に10個であった.
1927	オーリン・ボール(Olin Ball,アメリカ)がHCF(heat, cool, fill)法を開発.無菌充填法でチョコレートドリンクを製造.
1930年代	ジェームズ・ドール(James Dole)社が無菌缶詰を開発研究.
1935	アメリカのエクセル・コーポレーションがピュアパックの製法権利を買い,生産開始.
1942	ボール(アメリカ),無菌充填法でクリーム缶詰を製造.
1950年代	各種プラスチックの開発.
1951	スウェーデンのルーベン・ラウジング(Ruben Rausing,図4.63)が,テトラパックと称する最少の材料で最大の容量を持つ四面体,三角形の牛乳用紙容器を開発,物理的形態として極めて合理的なものであった.牛乳瓶に比べて軽く,1本の紙ロールを機械に設置すると簡単に容器を製造できる.
1955(昭和30))	500ml,900mlの牛乳瓶が使用される(日本)
1956(昭和31)	第3回国際見本市で展示されたテトラパック容器を協同乳業社が導入したが,容器の精度や漏れなどに問題があり,消費者に評価されずに失敗.
1957〜1965	バートン,アシュトン,ガレスロー(Burton, Ashton, Galesllot)らによりUHTの基礎研究が行われる.
1960年代	紙,プラスチックを用いたフレキシブル包装材料の出現.
1961	テトラパック(Tetra Pak)社,無菌包装システムを開発.無菌包装技術の基礎的役割を果たす.

図4.63 テトラパック社創立者,ルーベン・ラウジング

西暦（和暦）	事　項
1962（昭和37）	日本テトラパック社が設立される．再度，テトラパックが日本に導入され，全国で評価される．
1963（昭和38）	大手乳業メーカー，紙容器を導入（日本）
1970（昭和45）	牛乳瓶が180mlから200mlに切り替えられる（日本）
1971（昭和46）	日本における飲用牛乳の紙容器比率が10.7％となる．
1975（昭和50）	紙容器比率41.8％となる．流通機構（スーパーマーケットの台頭）の変化により，テトラパック三角容器は棚に陳列する時に安定性に欠けるため，次第にブリックパックに切り替わる．
1980（昭和55）	日本の紙容器比率65.8％．
1981	アメリカFDA，容器の殺菌剤として過酸化水素の使用を認可．
1988（昭和63）	日本の無菌充填食品の生産量約30億個．
1990（平成2）	日本の紙容器比率84.1％．
1998（平成10）	紙容器比率87.0％．

　日本では1950年代に至り，乳機器の材料は全面的にステンレス鋼に切り替わった．ステンレス鋼は強度，耐酸性，耐腐食性に優れ，製品の風味に与える影響が少なく，最適の材料であることが確認されたためである．ステンレス鋼は1920年代後半にアメリカで開発されたもので，クロム18％，ニッケル8％，残りが低酸素鉄からなる．しかし，鉄や銅に比べて溶接が難しく，5倍の時間と経費がかかり，プレスも難しい（割れるため）という欠点があった．そのため，アメリカでも本格的に乳機器に使用されたのは1940年代になってからである．日本では1957年，サンウエーブ社が初めてステンレス鋼のプレスに成功した．

4.12　バブコック試験[59]

　工場でバター製造が行われるに従い，農家の持ち込む牛乳やクリームの代金を乳脂肪率を基礎にして支払う必要が生じてきた．そのために牛乳，クリームの脂肪率を迅速に測定することが要求されるようになった．

　1880年代，化学者はエーテル脂肪抽出法により乳脂肪を正確に測定することはできた．しかし，その方法は難しく，結果が出るまでかなりの時間を要し，製酪所における実際の用には向かなかった．

　1890年，アメリカのウィスコンシン農事試験所のバブコック（S. M. Babcock）

博士（化学者）は，今日バブコック試験として知られる迅速（2～3分）脂肪率測定法を開発した．ヨーロッパでは，その数年後，スイス・チューリッヒ市のゲルベル（N. Gerber）博士がバブコック試験を改良したゲルベル試験法を考案した．ヨーロッパではこの方法が脂肪率の測定法として広く利用されている．これらの方法により，牛乳の格付けと水の混入などを識別することができるようになった．

参考文献

1) Trout, G.M. : *J. Dairy Sci.*, **47**, 658（1964）
2) 農林水産省統計情報部：牛乳，乳製品統計（1955-98）
3) 雪印乳業史編纂委員会：雪印乳業史，第1巻～第6巻（1960-95）
4) 日本国際酪農連盟：世界の酪農状況（1991-98）
5) Connor, J.M. and W. A. Schiek : Food Processing, John Wiley & Sons（1997）
6) Swartling : IDF Bulletin（1983）
7) Early, R. : The Technology of Dairy Products, Blackie Academic & Professional（1998）
8) Heldman, D. R. : Trend in Dairy Food Engineering, *J. Dairy Sci.*, **64**, 1096（1981）
9) Knoch, C. : Handbuch der Neuzeitilichen Milchver Wertung, Verlag Paul Parey, Berlin（1930）
10) Regez, W. : Milk Industry Foundation Convention Processing, 55th Annual Convention, Atlantic City, New Jersey（1962）
11) Roadhouse, C.L. and J. L. Henderson : The Market Milk Industry（1955），井上憲二，大塚義一訳：市乳工業，雪印乳業技術研究会（1960）
12) 明治乳業：明治乳業50年史（1969）
13) Seligman, R. J. S, : The Plate Heat Industry, *Chemistry and Industry*（1964）
14) Mangnusson, B. : From Gustaf DeLaval's cream skimmer to Industrial Processing, Alfa Laval（1986）
15) Alpura A. G. : Schweiz. Patent Nr.284061.
16) Havighorst, C. R. : Aseptic Canning in Action, *Food Industry*, **7**,（1951）
17) Hosteller, H. : Die Keimfreie Abfullung Uperisier Trinkmilch in Tetra Pak, *Schweiz. Milcheztg.*, Nr.76（1961）
18) Kessler, H. G. : Food Engineering and Technology, Verlag A. Kessler（1981）

参考文献

19) Tetra Pak Company's Catalogue (1999)
20) 高梨乳業ホームページ (2001)
21) Robinson, R. K. : Modern Dairy Technology, Vol.1, 2, Elsevier Applied Science Publisher (1986)
22) Walstra, P. : *Neth. Milk Dairy J.*, **29**, 279 (1975)
23) Mulder, H. and P. Walstra : The Milk Fat Globule, Pudoc (1974)
24) Thevenat, R. and J. C. Fider : A Histry of Refrigeration throughout the World, Institut International du Froid, Paris (1979)
25) Alfa-Laval A. B. : Dairy Hand Book (1980)
26) 林　弘通：日本機械学会誌, **92**, No.846 (1989)
27) 斎藤道雄：乳と乳製品の物理, 地球出版 (1955)
28) 佐藤　貢：北海タイムス朝刊, 12月2日 (1981)
29) 林　弘通監修：乳業技術綜典, 下巻, 酪農技術普及学会 (1978)
30) Loeb, S. and Sourirajan : *Adv. Chem. Ser.*, No.38, 117, Am. Chem. Soc. (1963)
31) Manjikan, S. : *Ind. Eng. Chem., Process Des. Develop.*, 823 (1967)
32) Nachod, F. C. et al. : Membrane Separation, Academic Press Inc., New York (1956)
33) McDonough, F. E. : *Food Eng.*, **40**, 124 (1968)
34) Maubois, J., L. G. Moucquot and L. J. Vassal : Aust. Patent 477399 (1976)
35) Huffiman, L. M. : *Food Technology*, **49** (1996)
36) Delbeke, R. : International Dairy Congress Report in Moscowa (1984)
37) Van der Horst, H. C. : IDF Bulletin, Brussels (1995)
38) Pearce, R. J. et al. : IDF Special Issue, No.9201 (1995)
39) 富田　守：乳工業における膜分離技術, 化学工学会秋季大会展望講演要旨 (1998)
40) 田村吉隆：乳業における膜分離技術の進展, 化学工学会秋季大会展望講演要旨 (1993)
41) 小此木成夫：乳業への膜利用, 食品保蔵学会年会展望講演要旨 (1998)
42) 加固正敏, 林　弘通：逆浸透, 限外沪過技術の乳業への応用, 乳技協資料, **32**, No.4 (1982)
43) Van der Host, H. C. and J. H. Hanemaaijer : Cross-flow Microfiltration in the Food Industry, *Desalination*, **77** (1-3), 235 (1990)
44) 神武正信：牛乳類の限外沪過における透過流束低下に関する研究, 雪印乳業研究所報告, 第97号 (1992)
45) Frantz, B. : Gail Borden as a Great Man, University of Oklahoma Press (1951)
46) 神田八郎：煉乳および粉乳, 育英社 (1937)
47) 中江利孝：化学と生物, **9**, No.9 (1971)

49) Hunziker, O. F. : Condensed Milk and Milk Powder, 7th Ed., La Grange, Illinois, U.S.A. (1949)
50) 林　弘通：バキュムパンの性能に関する研究, 雪印乳業研究所速報, 第12号 (1954)
51) Westgard, V. : Milk Powder Technology, Evaporation and Spray Drying, Niro A/S, April (1994)
52) 十河一三：大日本牛乳史. 牛乳新聞社（1934）
53) 林　弘通：粉乳製造工学, 実業図書（1980）
54) Miyawaki, A. : Condensed Milk, John Wiley & Sons (1928)
55) 堀　友繁：細線加熱法による粘度計測, 計装, 工業技術社（1986）
56) Barol, L. : Food packaging and distribution in the period, *Food Packaging*, Feb. (1976)
57) 広田和実：食品の包装, 日本機械学会誌, **92**, No.5（1989）
58) パッケージングの110カ条, 日報（1979）
59) 足立　達：ミルク文化誌, 東北大学出版会（1998）

5. 飲用乳, 乳製品製造技術の発展

5.1 飲用牛乳の製造技術

　今日, スーパーマーケットの牛乳・乳製品売場では各種の飲用牛乳が陳列されている (図 5.1). 例えば, 脂肪率を変えたものでは 3.6％から 4％まで 0.1％きざみの製品があり, 低脂肪では 1〜2％のものがある. また, 乳糖不耐症の人向けに乳糖分解乳 (アカディ) がある. 容器でいえば, 200ml, 500ml, 1,000ml 容量の紙, 瓶, プラスチック, 缶と種々のものがある. このほかに加工乳としてコーヒー牛乳, 紅茶牛乳, カルシウム強化牛乳などがある. このように, 消費者にとって飲用牛乳を購入する際の選択肢は数え切れないほどある.

　19 世紀前半, 飲用としての牛乳は主として各農家で利用されているに過ぎなかったが, 次第に一般消費者に利用される食品として市場性を獲得するようになった (図5.2). 例えばアメリカでは, 19 世紀後半, 農場で搾乳された牛乳を 20〜40l の缶に入れミルクプラントに運び, そこで煮沸した後 12l

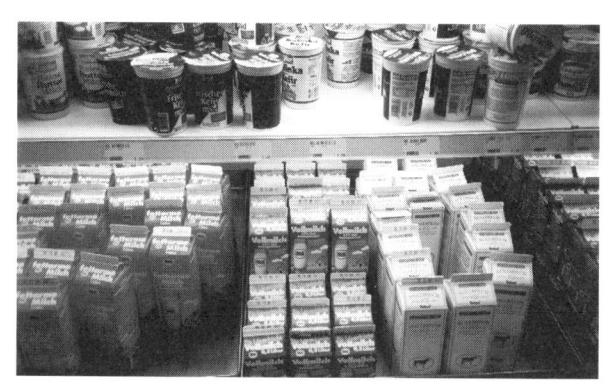

図 5.1　スーパーの牛乳・発酵乳売場 (ベルリン・カーベデーデパート)

NEW MILK

"*Meeleck, Come! Meeleck, Come!*"
Here's New Milk from the Cow,
Which is do so nice and so fine,
That the doctors say,
It is much better than wine.
（新しいミルクだよ！ 牛からいましぼったばかりのミルクだよ！ おいしくて身体に良いよ！ お医者がワインよりミルクの方が身体にいいと言ってるよ）

図5.2　ニューヨーク州の街で牛乳を売っている風景（1836年）[1]

の缶に分注し各家庭に配達したという．同じ頃，ドイツのソックスレー博士（Dr. Soxhlet）は小児用ミルクとして煮沸した牛乳を瓶詰にしたものを開発した．アメリカではこの方法を真似て，牛乳の殺菌方法を考案した．このような殺菌方法が確立されるに従い，商業的牛乳販売法が発達した．そして，このようにして売られる牛乳が市乳（city milk, market milk）と呼ばれるようになった[1]．

わが国では1861年（文久元年），横浜の太田町に前田留吉がオランダ人ペローの指導のもとに牛を飼い，1863年（文久3年），日本で初めて搾乳を行い市乳販売業を興した[2]．その後，東京にも搾乳業者が現れ，搾乳量は次第に増え，1895年（明治28年）には東京の搾乳量が18kl/dayになった．この頃の牛乳は，牛舎で搾乳した後，生のままか，あるいは煮沸消毒し，家の前に看板を出したり，天秤棒で牛乳缶をかついで行商をして販売した．得意先では小さな容器を出してもらい，長い柄のついたひしゃくで牛乳を取り，漏斗（じょうご）を通して分注するという方法がとられていた．しかし，牛乳は一般の人にはまだ馴染みの薄いものであった[3]．

津野慶太郎[4]は，1916年（大正5年）発刊の著書の中で，牛乳について次のように述べている．「牛乳は人生の要品にして飲食物中滋養の効が第一に

ある．古来これを使用し，あるいはこれを薬用に供す．」このように日本では，大正年代に入りようやく栄養価の高い食品であることが認識されるようになった．

現在のように日本人の多くが牛乳を飲用するようになるまでにかなりの年月を要した．飲用牛乳の普及は，都市的消費の拡大，また都市で働く女性が牛乳によって子供を育てるという事情から始まったと考えられる．市乳事業はかつては地域産業であって，工場周辺の酪農家から集乳し（図5.3），製品化し，地域周辺で消費されていた．

HTST式殺菌機の時代（昭和30年代，1955年～），中小の乳業会社の中には殺菌技術が未熟なため保存日数が短く，配達区域が広がると腐敗し，返品される製品が多くなって倒産するところが出た．その結果，大手乳業会社の系列に入るということが起こった．また，長野県の市乳の抜取り検査で，市販牛乳の細菌数を調べた結果100万/mlという未殺菌に近い不良品が発見された．原因調査を行ったところ，殺菌機の公称処理能力と実際の処理能力との間に相当の開きがあった．殺菌機を分解してみると加熱部のプレート間と保持管に乳石（milk stone．カルシウム，マグネシウムなどの無機質による），乳泥（milk sluge．たん白質，脂肪，無機質などよりなる）が厚く付着していた．乳石の状況から空気の混入が推定された．その原因を調べると，牛乳がバランスタンクから殺菌機に入るパイプの位置関係に問題があった．バランスタン

図5.3 酪農家が牛乳を輸送缶に入れ，工場に出荷しているところ[5)]

クの位置がやや低めにあったため空気が入りやすくなり，これが原因で乳石の堆積を生じたのである．このようなことから，殺菌機の運転時間と乳石生成度との関係が明らかとなり，その結果を基に洗浄法などが現場技術として確立された．その後，1957年（昭和32年），UHT殺菌機の導入により牛乳の保存性が著しく改良され，その年以降，広域の流通が可能になった．

日本の市乳製造技術者1人当たりの牛乳処理量は，おおよそ次のように増加した．

1925年： 106 l/h
1945　　： 151 l/h
1965　　： 681 l/h
1995　　： 3,000〜4,000 l/h

1925年より1945年までは製品品質の向上，1946年より1965年までは製造機器の開発，1966年より1995年までは製造機器の改善と自動制御の採用による労働生産性の増大の時代と考えられる．

飲用牛乳の製造技術の発展の経過を表5.1に示す．また，飲用牛乳の加工技術の発展を時系列で示すと図5.6のとおりである．

次に飲用乳製造技術の発展に関わる歴史について述べる．

5.1.1 原料乳の品質

昭和20年代より30年代前半まで，原料乳生産者は夏の間，牛乳を冷やすためのバルククーラーがなかったため，川水に25 l 缶を漬けたり，井戸水などを利用していたが，十分に冷却することは困難であった．また，搾乳環境も不衛生であったため，原料乳細菌数1,000万/ml という劣悪な牛乳が工場に運ばれるという例も少なくなかった．このような牛乳は酸度が上がっているので中和する必要があり，また安全な細菌数まで低下させるために過酷な殺菌を行わねばならなかった．このような牛乳の中和剤として用いられたのが第二リン酸ソーダと重曹（炭酸水素ナトリウム）である．森永乳業徳島工場では，松野製薬から購入した第二リン酸ソーダの純度が低く，ヒ素が混入していたために，1959年（昭和34年），ヒ素ミルク中毒事件を起こした．100人を越える乳幼児の生命が失われた責任は，今日まで重くのしかかっている[6]．

表 5.1　飲用牛乳の製造技術発展の歴史[3), 6)-8)]

西暦（和暦）	事　項
1865	パスツール（Louis Pasteur，1822〜1895）は科学アカデミーで，ワインを60〜70℃で数分間加熱することにより変質を防止できるとした．これが牛乳殺菌の基礎となる（フランス）
1869（明治 2）	明治政府は東京築地に牛馬会社を設立，牛乳を飲むことを奨励した．
1871（明治 4）	東京の搾乳量1日当たり1石2升（200l）
1875	ニューヨーク市のヤコブ（Jacob）が育児用の牛乳は殺菌（pasteurization）をすべきであると提案（アメリカ）
1879（明治12）	搾乳量10石/日（1.8kl/day）となる（日本）
1884	ガラス製牛乳瓶の発明（アメリカ）
1886	ソックスレー（Soxhlet）が家庭用殺菌器（Pasteurizer）を考案（ドイツ）
1892	ニューヨーク市で本格的ミルクプラントを建設，34,000本（32.4kl）/日の低温殺菌牛乳を販売（アメリカ）
1895（明治28）	東京の搾乳量100石/日（18kl/day）
1899（明治32）	坂川牛乳店，殺菌乳を販売．
1900	本格的に低温殺菌牛乳が販売される（アメリカ）
1906	浸漬型洗瓶機の開発（アメリカ）
1907	集合ヘッドを備え，真空下で作動するバルブを持った自動充填機が開発される（アメリカ）
1910（明治43）	原料乳は牛乳缶（約25l）を井戸水に浸漬して冷却（日本）
1911	自動冠帽，充填機の実用化（アメリカ）
1916（大正 5）	原料乳の冷却に表面冷却器（surface cooler）（図5.4）が用いられる（日本）
1920	軽量角形，褐色瓶の開発（アメリカ）
1925（大正14）	管状冷却器（tubular cooler）が用いられる（日本）
1926（昭和元）	コイル型低温殺菌機が輸入され，牛乳の殺菌が本格的に始まる．
1927（昭和 2）	兵庫酪農組合，アメリカのウィザート社よりコイル式殺菌機を70基購入，酪農家に殺菌乳の普及を図る．
1933（昭和 8）	内務省が低温殺菌法を法的に義務づける．紙キャップ付き広口瓶による牛乳が販売される（明治製菓）
1935（昭和10）	チチヤス乳業，伝熱性能の良い純銀製低温殺菌機を製作．
1947	滅菌缶詰牛乳が販売される（アメリカ）
1951（昭和26）	低温殺菌装置の設置が義務づけられる．ビタミン入りホモ牛乳，ミネラル牛乳などの加工乳が登場．HTST殺菌開始．
1952（昭和27）	明治乳業，日本で初めてAPV社よりプレート式熱交換器を輸入．
1955（昭和30）	管状熱殺菌機（図5.5）がデンマー

図 5.4　表面冷却器

図 5.5　管状熱殺菌機

西暦（和暦）	事　項
	クより輸入される.
1956（昭和31）	テトラパック（紙）入り牛乳が登場（協同乳業）
1957（昭和32）	UHT（ultra high temperature）殺菌機が導入される.
1959（昭和34）	岩井機械㈱，プレート式熱交換器の国産化に成功.
1960（昭和35）	バルククーラー（bulk cooler）が導入される.
1961（昭和36）	岩井機械㈱，20kl/hの大型UHT殺菌機を開発.
	LL（long life）牛乳が開発される（ヨーロッパ）
1964（昭和39）	インプラント方式による射出成形プラスチックの牛乳容器が出現（アメリカ）
	森永乳業，テトラパック製包装機を設置.
1965（昭和40）	テトラパック，ピュアパック，ツーパック，テトラレックスなどの紙容器が出揃い，容量も180，500，1,000mlとなる.
1970（昭和45）	牛乳瓶容量180mlから200mlとなる.
	牛乳販売は戸配からスーパーマーケット売りに次第に移行.
	厚生省，牛乳中の抗生物質の検査法設定，通達.
1971（昭和46）	植物性脂肪（ヤシ油）を乳脂肪と置換した，いわゆる異脂肪牛乳事件起こる（明治乳業）
	厚生省，牛乳中の有機塩素系農薬暫定許容基準を制定.
1973（昭和46）	厚生省，牛乳，乳製品中に残留するPCBの暫定的規制基準を制定.
1976（昭和51）	LL牛乳（long life milk）が登場.
1980（昭和55）	乳糖不耐症者（牛乳を飲むと下痢を起こしたりガスが出る人）向けに固定化酵素を用いて乳糖を分解した牛乳"アカディ"が発売される（雪印乳業）
1985（昭和60）	LL牛乳の常温保存認可（乳等省令）
1987（昭和62）	飲用牛乳紙容器率80％突破.
1990年代	国民の健康志向により，各種低脂肪牛乳の割合が多くなる.
	カルシウム添加牛乳がブームとなる.
2000（平成12）	低脂肪牛乳に黄色ブドウ球菌によるエンテロトキシン毒素が発生，多数の人が中毒症状を呈する（雪印乳業）

　当時は乳質が悪いために，どこの会社でも上記のような問題に直面し，中和の必要があったが，森永乳業では中和剤として購入した材料の品質管理が不十分なためにこの事件が発生したのである．昭和40年代に入り，バルククーラーと自動搾乳器の導入や飼育環境（牛舎の清潔，飼育管理）の改善により，原料乳の細菌数は激減し，現在（1994年）では10万/ml以下の割合が99.4％という極めて衛生的な牛乳が生産されている（表5.2）．

　一方，牛乳固形率は11.59％（1948年）から12.83％（2000年）と次第に高くなった．1940年代，飼料が不足し，また長い間，優良種との交配が行われなかった乳牛の泌乳量は1頭当たり7〜8kg/dayで，現在のそれと比較す

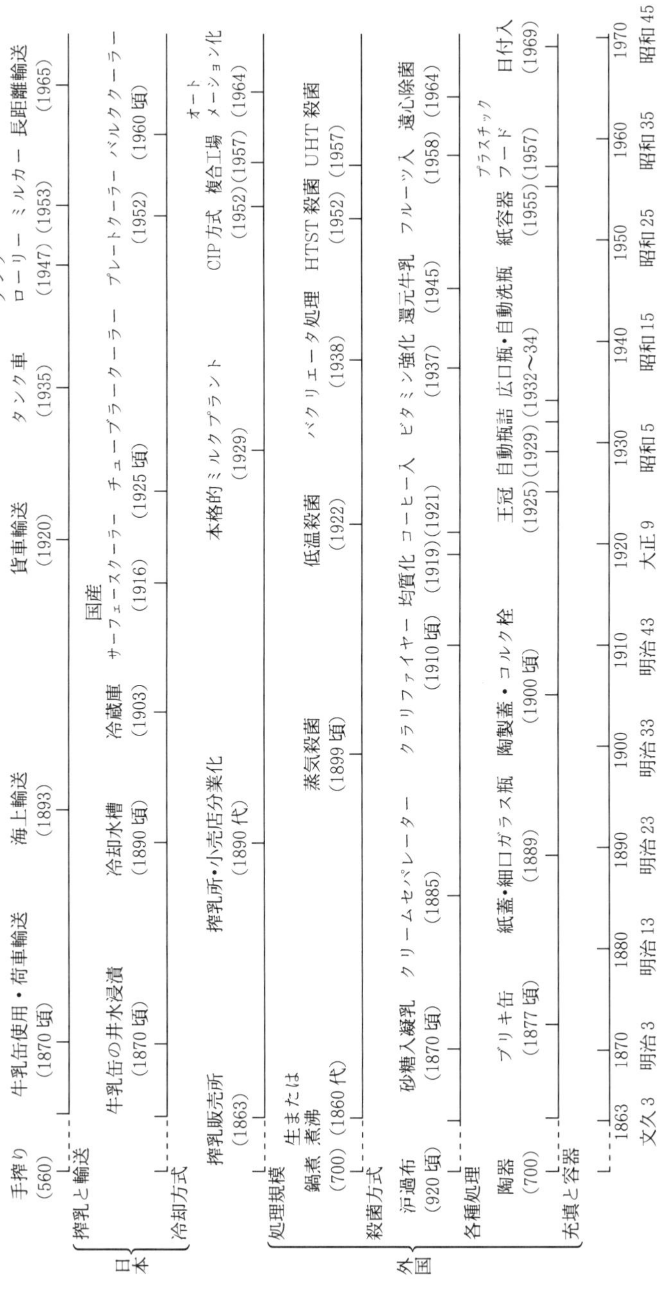

5.1 飲用牛乳の製造技術

区分	項目	内容
日本	搾乳と輸送	手搾り (560) / 牛乳缶使用・荷車輸送 (1870頃) / 海上輸送 (1893) / 貨車輸送 (1920) / タンク車 (1935) / タンク ローリー・ミルカー (1947)(1953) / 長距離輸送 (1965)
日本	冷却方式	牛乳缶の井水浸漬 (1870頃) / 冷却水槽 (1890頃) / 冷蔵庫 (1903) / 国産 サーフェースクーラー (1916) / チューブラークーラー (1925頃) / プレートクーラー (1952) / バルククーラー (1960頃)
外国	処理規模	搾乳販売所 (1863) / 搾乳所・小売店分業化 (1890代) / 本格的ミルクプラント (1929) / CIP方式 複合工場 (1952)(1957) / オート メーション化 (1964)
外国	殺菌方式	生または煮沸 (700)(1860代) / 蒸気殺菌 (1899頃) / 低温殺菌 (1922) / バクリエータ処理 (1938) / HTST殺菌 (1952) / UHT殺菌 (1957)
外国	各種処理	砂糖入煉乳 (1870頃) / クリームセパレーター (1885) / クラリファイヤー (1910頃) / 均質化 (1919) / コーヒー入 (1921) / ビタミン強化 (1937) / 還元牛乳 (1945) / フルーツ入 (1958) / 遠心除菌 (1964)
外国	充填と容器	陶器 (700) / ブリキ缶 (1877頃) / 紙蓋・細口ガラス瓶 (1889) / 陶製蓋・コルク栓 (1900頃) / 王冠 (1925) / 自動瓶詰 (1929) / 広口瓶・自動洗瓶 (1932〜34) / 紙容器 (1955) / プラスチック フード (1957) / 日付入 (1969)

年代: 1863 文久3 / 1870 明治3 / 1880 明治13 / 1890 明治23 / 1900 明治33 / 1910 明治43 / 1920 大正9 / 1930 昭和5 / 1940 昭和15 / 1950 昭和25 / 1960 昭和35 / 1970 昭和45

図 5.6 飲用牛乳処理加工技術の歴史的沿革[3]

表5.2 日本の原料乳の細菌数，体細胞数（%）

	1989年	1990年	1991年	1992年	1993年	1994年
細菌(生菌)数10万/ml以下比率	98.6	98.9	99.1	99.2	99.3	99.4
体細胞数30万/ml以下比率	89.9	93.2	94.2	93.0	94.5	94.6

資料：北海道生乳検査協会，乳技協資料．

ると約1/6であった．また，その固形率は11%以下で，乳量，固形率ともに劣るために，当時この牛乳をpoor milkと呼んでいた[9]．もちろん，この50年間に脂肪率は0.69%，無脂乳固形率は0.55%，全固形率は1.24%上昇している．特に脂肪率の増加が著しい．これは乳牛の育種と飼料の改善により達成されたものと考えられる．最近の牛乳組成の状況を表5.3に示す．

5.1.2 飲用乳加工技術

1） 貯乳技術

1960年代，アメリカでは原料乳の貯蔵のため工場の屋外に巨大タンクを設置するようになった．このタンクをサイロタンクと呼び，30～125klの容量を持つ．1970年代に入り，日本の工場でも同じようなタンクを6～8基設置し，2～3日分の貯乳に耐えられるようにした．このタンクには外気の温度の影響を受けないように70～100mmの断熱材が用いられ，5℃以下に冷却された牛乳が一定温度に保持されるような構造になっている．また，撹拌機，牛乳の液レベルの監視や液の入排出のためのバルブの自動制御装置が組み込まれている．

表5.3 日本における原料牛乳組成の変化（1948～2000年）

年次	脂肪(%)	SNF(%)*	TS(%)*
1948	3.360	8.230	11.590
1978	3.481	8.312	11.793
1979	3.506	8.361	11.867
1980	3.543	8.400	11.943
1981	3.582	8.425	12.007
1982	3.574	8.443	12.017
1983	3.600	8.477	12.077
1984	3.614	8.493	12.107
1985	3.637	8.519	12.156
1986	3.654	8.535	12.189
1987	3.666	8.556	12.222
1988	3.709	8.598	12.307
1989	3.721	8.582	12.303
1990	3.816	8.662	12.478
1994	3.805	8.610	12.415
2000	4.046	8.785	12.830

* SNF：無脂乳固形率，TS：全固形率．
資料：日刊酪農乳業事情，北海道酪農検査協会．

2） 濾過，清浄化技術

細菌数が少なく風味の良い原料乳を生産するためには，清潔な環

境（牧舎，飼育管理）が求められる．乳牛の疾病（主として乳房炎）による異常乳や抗生物質を使用中の産出乳は除かなければならない．まず，搾乳器を含めた搾乳システムを正しく，清潔に保ち，次に原料乳中に毛や泥，細胞などの異物が入る可能性があるため沪過器を組み込み予備沪過を行い，さらに遠心分離による清浄化装置（clarifier）により小粒子を除くようにしている．

3) 冷却技術

原料乳は搾乳直後37℃前後の温度を持っているので速やかに冷却しなければならない．1910年頃，牛乳缶（約25l）をそのまま井戸水に浸漬して冷却する方式が採られていた．この方式は冷却効率が悪いばかりでなく，せいぜい15℃程度までしか冷却できない．その後，表面冷却器（surface cooler, 1916年），管状冷却器（tubular cooler, 1925年），プレート冷却器（plate cooler, 1952年），バルククーラー（bulk cooler, 1960年）と効率の良い冷却器が開発されるに従い，細菌数の少ない衛生的な牛乳が生産されるようになった．最近では，全国的に東京都条例（昭和41年制定）に定められた細菌数400万/mlを超えるものはなく，10万～30万/mlの非常に衛生的な牛乳となり，先進酪農国と同じレベルになっている．

4) 殺菌技術

欧米諸国の牛乳殺菌についての元々の考え方は，最低温度加熱，最短保持時間に止め，生乳の "fresh" な風味を保たせたいというものである．一方，わが国の現行法規によると，原料乳の殺菌法は「62～65℃，30分の加熱，またはこれと同等以上の殺菌効果を有する方法で加熱すること」と規定されている．昭和20年代，日本ではこの方法，つまり低温保持（low temperature long time, LTLTと略）殺菌が専ら行われていた．

1950年代，わが国の生乳の細菌数が多いことから，加熱温度を高めにして，できる限り殺菌し，牛乳の保存性を増すこと，および高温加熱により水溶性たん白質を熱変性させ粘性を増加させる，すなわち牛乳に濃厚感を与えることに重点が置かれていた．1957年（昭和32年），日本にプレート式高温短時間（high temperature short time, HTSTと略）殺菌機が導入された[8]．この方式により殺菌乳の保存性が著しく改善されたことから，この年以降，牛乳の販売は広域流通の方向に向かった．

1960年代,大型乳製品工場の出現と共に超高温殺菌(ultra high temperature treatment, UHT と略)が普及し,1965年に87%,1998年には97%がこの方法で占められている.UHT法の技術が確立するまで100年以上に渡る研究が行われた.この間,失敗の連続で,まさに試行錯誤が繰り返されたという.1925年頃,欧米では高温の牛乳を容器に充填することは可能であったが,容器の密封が完全でないため充填された牛乳の再汚染を防ぐことはできなかった.アメリカでは,まだ缶詰牛乳をオートクレーブで滅菌していた.1927年,アメリカのグリムドロッド(Grimdrod)は蒸気噴射による直接加熱滅菌の特許を得ている.これは200kPa圧力の水蒸気を滅菌室に噴射し,一方,牛乳はその部屋にノズルによって微粒化されて入り,瞬間的に110℃まで加熱される.牛乳に加えられた水蒸気の凝縮水は膨張室(減圧になっている)に入り,水分が除かれる.この方法は特許[10),11)]によって保護され多くの改良が行われた.Brownら[12)]の報告によると,150℃,0.5秒の滅菌を行ったところ,牛乳では円滑に行われたが,濃縮乳では濃厚化とゲル化が起こり失敗したという.1944年,アメリカの乳業の経験を基に,スイスではアルプラ(Alpura)社,スルツァ(Sulzer)社,ブロス(Bros)社,アルプスミルク(Alps Milk)社などが蒸気噴射によるユーペリゼーション(Uperisation)プロセスを開発した[13)].この方法は150℃,24秒の保持で滅菌し,このプロセスで乳固形率の変化がないように自動制御している.その後,アルファラバル(Alfa-Laval)社(スウェーデン)のVTIS(1961年),チェリーバレル(Cherry Burrell)社(アメリカ)のプロセス,さらにラグイハーレ(Laguiharre)プロセス(フランス),パラライザー(Palariser)(Passch & Silkeborg社,デンマーク),サーモバブ(Thermovav)(Bereil & Martel社)などの直接加熱式滅菌装置が牛乳用として開発された.

5) 無菌充填

サンフランシスコ市のジェームズ・ドール・エンジニアリング(James Dole Engineering)社は,缶入り牛乳の無菌充填のテストを行い[14)],1950年,工場規模で初めてマーチン無菌缶詰方式(Martin Aseptic Canning System)と称する無菌充填方式を確立し,1953年に最初の缶入り滅菌乳が市販された.この方式は,缶と蓋を過熱蒸気(250℃)により滅菌し,直ちに冷却,

充填，密封が行われる．過熱蒸気のため高圧を必要としないが，瓶にこの方式を用いる場合は高温加熱に耐えられないので，瓶には適用できなかった．1951年，Blloombergら[15]は連続式管状加熱機で141℃，8秒間保持により滅菌乳を製造し，常温で4〜6か月の保存が可能とされた．スウェーデン・ルンド市のテトラパック（Tetra Pak）社は1961年，四面体の紙容器に滅菌乳を充填することに成功した．

5.1.3 固定化酵素による乳糖の分解

牛乳を飲むと腹鳴り，腹痛，下痢などを起こすため，牛乳を嫌う人が日本人を含めた東洋人に多いといわれる．欧米人は昔から牛や羊などの動物を飼育し，その乳を飲んでいた．したがって，乳の中に含まれる乳糖の分解酵素を小腸粘膜上皮細胞に十分もっている．一方，日本人は仏教の肉食禁止の思想により牧畜が行われなくなったため，20世紀の半ばまでほとんど牛乳を飲んでいなかった．その結果，日本人には乳糖分解酵素の少ない人が多い．このような人を乳糖不耐症といい，小腸粘膜上皮細胞の乳糖分解酵素（β-ガラクトシダーゼ）が欠如あるいは活性が低下している．この問題を解決するため，酵素により乳糖を分解した牛乳が販売されるようになった．

酵素は特異性の高いたん白質触媒で，常温常圧の条件下で働く．酵素または酵素を体内にもつ微生物を不溶性の担体に固定化したものが固定化酵素である．1979年，雪印乳業ではイタリア・スナムプロゲッティ社より固定化酵素技術を導入し，1980年"アカディ"という加工乳を製造販売した．これは牛乳中の乳糖をラクターゼ（β-ガラクトシダーゼ）によってグルコースとガラクトースに分解し，乳糖不耐症の人に向くように調整したものである．この方法はラクターゼをポリアクリルアミドゲルまたは塩化シアヌル誘導体によって固定化し，それをカラムに詰めて乳糖を連続的に分解するものである．また，イタリアでは*Escherichia coli*と酵母から精製したラクターゼをトリアセチルセルロースの皮膜内に包括し，乳糖の連続分解を行っている．連続反応の過程で，ファイバー状固定化ラクターゼは圧密化しやすく，洗浄が困難になる．そこで洗浄方法と装置の検討が行われ，新規の横型回転カラムリアクターが開発された[16]．

5.2 バター製造技術

5.2.1 バターの歴史[17]

　バターの製造が始まったのはかなり古い時代で、キリスト生誕以前に食物としてバターを使用したという記録がある．バター製造は比較的気候の涼しい地方で発達し、暑い地方ではあまり関心がなかった．古代人には遠心分離の知識がなかったので、クリームを分離するには重力に頼るしか方法がなかった．重力分離法では、搾乳直後の新鮮な牛乳でなければ効率良くクリームを取ることができない．例えばカード（たん白質が凝集したもの）化した牛乳では、脂肪球が表面まで浮上できず、クリーム層をつくることができないからである．暑い地方では牛乳を静置すると酸度の上昇により変質し、カードを生じ、クリームの分離に24～48時間もの長時間を要する．したがって古代では、暑い地域でのバター造りは困難であったのである．

　バター製造に関する最古の記録は、B.C.1500～B.C.2000年、インドの聖歌「ベーダ（Veda）」にある．B.C.800～B.C.900年、インドでは娘が結婚する際には、牛乳、蜂蜜、バターで造った御馳走が振る舞われたという．若い花嫁は、バターの一部をとり、これを"花嫁の車"の心棒に塗った．これらが当時のインドにおける結婚式の重要な儀式であったという．ヒンズー教ではバターを礼拝の際の最大かつ神聖な供物と考えていた．

　バターという言葉は、『旧約聖書』第一篇「創世紀」18:8にあり、「かくしてアブラハム（Abraham）はバター、乳をとり、そして料理した子牛をもって……」と書かれている．『旧約聖書』箴言篇30:33には「乳のチャーニングは正にバターをもたらす」とある．これはヘブライ人のソロモン（Solomon, B.C.993～B.C.953年）の言葉である．しかしヘブライ語の『旧約聖書』を翻訳する際にバターとされたものが、現在のバターと同じものであったかどうかは疑わしい．

　古代ギリシャでは、ソロン（Solon, B.C.638～B.C.559年）が乳を撹拌すると脂肪が得られるとし、ヘロドトス（Herodotus, B.C.484?～B.C.424?）は馬乳によるバターの製造を、ヒポクラテス（Hippocrates, B.C.460～B.C.377年）は牛乳によるバター製造について述べている．

ローマ人は，皮膚の艶をよくするためや調髪のためにバターを使用した．マケドニア人は，アレキサンダー1世の時代に乳油（milk oil）を体に塗った．

17世紀のスペインでは，薬屋でバターが売られ，いろいろな病気の治療に用いられた．バターは食品，薬品，化粧品として重宝され，これを所有することは金持ちのシンボルとされていた．

イギリスでは11世紀頃よりバターを何年も土中に埋め，その土の上に木を植えて所在を分からないようにした．発見された泥炭地に埋蔵されたバター（bog butter）は，いずれも11〜14世紀のもので，大きいものでは45kgにも及ぶものがあったという．古いものは容器の焼画の模様で年代が判定できるとされている．このように埋蔵されたバターは次第に暗赤色となり，ランシッド（rancid，酸化臭）を発したが，食物の味を濃くし食欲を増すということで，人々はこれを賞用した．このようなバターには100年以上経たものもあったという．アイルランドでも18世紀前半に，バターを小さな樽に入れ泥炭地に埋めて貯蔵したという．これは食糧が不足したときの備え，あるいは侵略者の略奪から守るため，またはチーズの熟成と同じように埋蔵することにより特殊なフレーバーを出そうとしたためであろう．アイルランドにおけるバターの埋蔵は18世紀末で終わっている．

日本では約1300年前，孝徳天皇の時代に中国から乳加工に関する技術が伝えられ，今日のバター，チーズに類する"蘇（そ）"が造られたとの記録があるが[18]，その製品品質については定かでない．徳川吉宗はインドの白牛を千葉県嶺岡に飼育繁殖させ，徳川家斉がその一部を東京の御厩（おうまや）に移し，乳を搾り白牛酪を製造した．その当時はバターを造るのに牛乳を皮袋に入れ，木の枝に吊るして左右から打ったということである．バターは，わが国では最初もっぱら上流社会で薬用として珍重され，食用として利用されるようになった時期は明らかでないが，日本人の食習慣，宗教的観念からみて，その歴史は浅く，ペリー来朝以後，ヨーロッパ諸国との交易が開かれてからのことと考えられる．

5.2.2 バター製造装置の歴史

バターの製造工程は牛乳を原料とし，次のような順序で行われる．(1) 殺菌，(2) 遠心分離，(3) クリームのチャーニング（撹拌），(4) 小豆粒大になった脂肪の塊をチャーニング（練圧），(5) 整形，充填，(6) 包装，(7) 冷蔵である．1871年，アメリカで初めてバター工場が出現した．この工場では，クリームを分離するのに，牛乳を浅いタンクかバットに入れて行うshallow pan（浅缶法）（図4.24(a), p.77）またはdeep-setting system（深漬法）による重力分離法を用いていた．これらの方法は，容器を一昼夜冷水に漬けた後，浮上したクリームを"ひしゃく"ですくい取るものである．牛乳の脂肪を集めたものをギー（ghee）といい，バターオイルともいう．インド，パキスタンなどでは現在でも料理，スープなどに使われる基本的な食品材料となっている．

わが国で実際的なバター製造が始まったのは1885年（明治18年），東京麹町の北辰社がクリーム分離機と回転式チャーンを導入してからのことである．1922年（大正11年），わが国で初めてコンバインドチャーン（能力100～500ポンド）が輸入された．これは木製（チーク材）であったため，内部の洗浄や滅菌が困難であった．また，電気駆動ではあったがベルト掛けで，回転速度の変更は原始的な開放式ギヤー装置により行われた．実際にバターが日本で工業的に造られるようになったのは，雪印乳業の前身である北海道製酪販売組合連合会が創立され，バター製造を開始した1926年（大正15年）以降である[20]．この後，昭和20年代（1945～1954年）まで，バターの製造能力は回分式で50kg/h程度であった．

第二次世界大戦以前の日本の食生活のなかで，バターは結核で倒れた時の栄養食品で配給制であり，庶民は食べられない高級品であった．ちなみに，バターの値段（450gについて）と公務員の給料（初任給）を比較すると表5.4のようになる．つまり昭和21年当時，バターの値段は給料の6%にも当たる高価な食品であり，1ポンド（450g）のバターを持参すると食事付きで登別温泉に一泊できたといわれる．しかし，昭和60年代に入るとこの比率がわずか0.3%程度になり，大衆食品となった．戦後の物資不足の時には高価な食品であっても，技術の進歩により大量生産が可能になれば，その値段は

表 5.4 バターの値段の推移

	昭和 21 年 5 月 (A)	昭和 61 年 (B)	A/B
バターの値段 (C)	32 円 80 銭	390 円	11.89
公務員の給料 (D)	540 円	128,000 円	239
C/D (%)	6	0.3	—

資料：値段史年表，朝日新聞社（1992）

かなり低下することになる．

バター製造工程は上記のように比較的簡単であるため，古くから人類の生活の知恵として色々な方法でバターが造られてきた．その基本となる装置には次の三つの方式がある．

1） 手動回分式[18)-20)]

(1) 打撓（だとう）式チャーン（図 5.7）

この方式は直径 20 cm，高さ 80 cm 位の筒形の固定容器にクリームを入れ，撹拌棒（末端は十字型または穿孔円板になっている）で上から打ちたたく．打撓回数は 1 分間に 50〜100 回である．容器は木製が多いが，石や陶製のものも見受けられる．現在でもインド，ブータン，ルーマニア，アイルランドなどの農村で使用されている．

(2) 撹拌式（図 5.8）

固定容器内に撹拌装置が取り付けられ，一定方向に回転する．撹拌装置には横軸型と縦軸型とがあり，前者は軸封が不完全なためクリームが漏れやすい．したがって軸封部が不衛生になりやすかった．

(3) 振とう式（図 5.9）

羊の皮袋，または大木を長さ 80 cm 位に切り中心部をくり抜いた部分に牛乳を入れ，図のように吊り下げる．これを振とうすることによりバター粒を造る方式で，中近東の地域でよく用いられた．

2） 機械回分式[18)-20)]

(1) 回 転 式

昭和 40 年代まで最もよく使用されていたチャーンである．クリームを入

図 5.7(a)　打搗式チャーン（ベルギー・ブリュッセル市，国際酪農連盟本部）

図 5.7(b)　ルーマニア・トランシルバニア地方の山岳地帯（標高800m）における原始的なバター製造風景（1998年）

5.2 バター製造技術

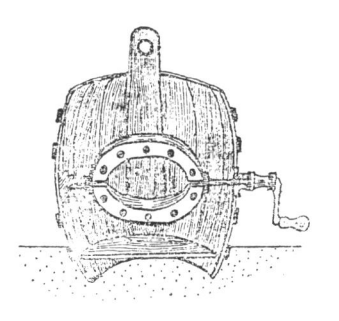

図 5.8(a) 撹拌式チャーン（横軸型）[19]

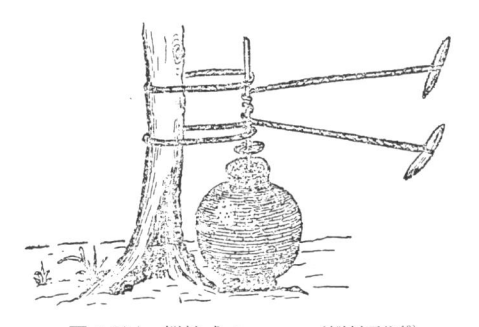

図 5.8(b) 撹拌式チャーン（縦軸型）[19]

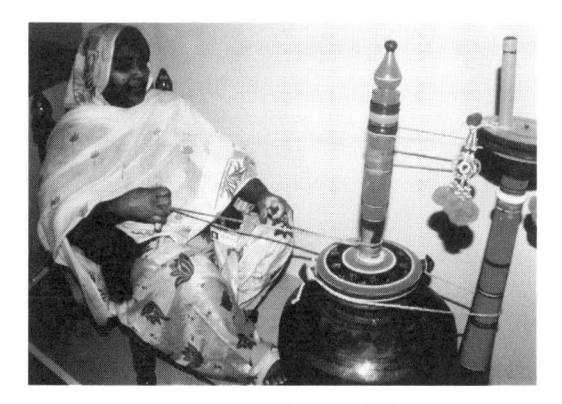

図 5.8(c) スリランカの家庭で撹拌式チャーンを使ってバターを造っているところ（東亜大学和仁皓明教授提供）

図 5.9(a) 振とう式チャーン（大木に穴をあけ、クリームを入れ振とうする）[19]

図 5.9(b) アラブ遊牧民が主として使用した羊の皮袋の振とう式チャーン（東亜大学学和仁皓明教授提供）

れた容器自身が回転し，内部の液体を激しく動揺させる．この方式は容器の構造が簡単で，加える動力も経済的あった．回転方法には次のように各種のものがある．

ⅰ）縦型回転式（図 5.10）

これは樽形の容器を持ち，図のように横腹の部分に丈夫な鉄製軸を取り付け，この軸を中心にして回転する．この方法では 9〜90 l のクリームを入れてバターを造る．昭和 30 年位まで酪農家で自家製バターを造るのに用いられていた．この方法は口蓋が大きく，クリーム，バターの出し入れが便利で，掃除も容易である．

ⅱ）ロール型（図 5.11）

昭和 20 年から 40 年代まで広く用いられ，1 回のバター生産量が 200〜2,000kg のものである．普通，木製でバターワーカー（練圧棒）を接続したものである．単式ロールと多複式ロールがあるが，駆

図 5.10 手回し木製縦型チャーン（1 回で約 13.5kg 製造，大正 14 年）（雪印乳業史料館）

動方法は同じである.ロール軸の付け根部の清掃が困難で,ロール駆動機構が複雑である.

ⅲ) ロールレス型(図 5.12)

不衛生なロール軸取付け部を除去したものである.これはクリームが一方の壁面から他方の壁面に急激に落下することにより,ワーキングが効果的に行われる.通常メタル(ステンレス鋼)製である.非常に衛生的で,バターを短時間(30秒)で取り出すことができる.これには円錐型(図 5.12(a))と角型(図 5.12(b))がある.

図 5.11 木製ロールチャーン(コンバインドチャーン)
(雪印乳業史料館)

3) 連続式バター製造機[18),19)]

バターの製造では,その生産コストの低減,製品品質の向上,連続化などの目標に向かって色々な試みがなされた.1930年代,ヨーロッパの2,3の国で分離方式と撹拌方式による連続製造機の研究開発が精力的に行われた.そのメーカーと方式は次のとおりである.

(1) 分離方式

脂肪率約30%のクリームを再分離し,約80%脂肪率のクリームとし,冷

図 5.12(a) 円錐型ロールレスメタルチャーン

図 5.12 (b)　メタルチャーン（能力 2,000 ポンド，雪印乳業）

却，相転換により油水中型のエマルションにしてバターを造る．アルファラバル（Alfa-Laval），メルシン（Maleshin），ニューウェイ（Newway），チェリーバレル（Cherry Burrell）などの方式があった．

(2) 撹拌方式

脂肪率 40％のクリームを水平のチャーニングシリンダーに通し，高速回転ローターで激しく回転する．次に傾斜した円筒分離機を通し，バターミルクを除く．バター粒は多数の小孔のあるプレートを通過する．この際に圧力がかかり，バターとなる．現在，世界的に用いられているのはフリッツ（Fritz）法によるフランス・シモン（Simon）社のコンティマブ（Contimab）とドイツのウエストファリア（Westfaria）社のものである．

わが国では 1961 年，初めて雪印乳業㈱がこの機械を導入した．これによって製造能力の増大と労力の低減が可能になった．ちなみに，バター生産能力の推移を示すと表 5.5 のとおりである．このように生産能力は急激に増大したが，品質的には次のような問題が提起された．① 長期保存の可能性，② 空気含有量の多いバターになるのではないか，③ バターミルクへの脂肪の流失，④ バター水分の一定化が可能か，⑤ 加塩量が一定で，均一なバターを製造できるか．

5.2 バター製造技術

表 5.5 バター生産能力の推移

年代	製造法	機 器 名 (能　力)	生産量 (kg/h)	指数*
1945	回分式	コンバインドチャーン (500 ポンド)	55	1
1951	回分式	コンバインドチャーン (1,000 ポンド)	110	2
1958	回分式	メタルチャーン (2,000 ポンド)	220	4
1961	連続式	コンティマブ (1t)	1,000	18
1967	連続式	コンティマブ (3t)	3,000	54
1973	連続式	コンティマブ (5t)	5,000	91
1985	連続式	ウエストファリア (10t)	10,000	182
1990	連続式	ウエストファリア (14t)	14,000	255

* 1945年を1とする.
資料：シルクボルグ社,　シモン社,　ウエストファリア社カタログ.

しかし，現在ではこれらの技術的問題は全て解決している．特に今日，ライニングを交換できるチャーニングシリンダー，真空下で微小調節のできるビーター，効率的な冷却が可能なワーキングチャンバーなど構造の機能化と，バター水分，塩分の自動制御化により，品質の優れたバターを大量生産（14 t/h まで）することが可能となった．

図 5.13(a)に実際にバターが製造されている様子を，また図 5.13(b)にバター製造機の構造を示す．バラタージュ部は高速回転によりクリームを撹拌し，脂肪粒とした後，10 数枚の多孔板へ圧力によって強制的に送るようになっている．ここでワーキング（練圧）が終了し，高さ 4cm，横幅 10cm の帯状になってマラクサージュ吐出部より連続的に送り出される．そしてバター包装機に連結され，高速度でカートン包装される．バター水分は誘電率などの電気物性を用いて一定になるように制御されている．

わが国では 1955 年（昭和 30 年）まで，バターはいったん"かめ"（図 5.14）

図 5.13(a) フランスのシモン社製連続式バター製造機（コンティマブ）（能力 5t/h）

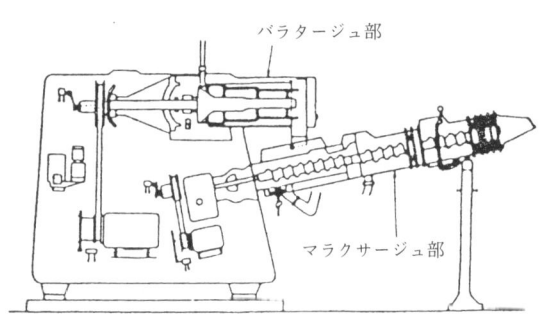

図 5.13(b) 連続式バター製造機内部構造（シモン社）

に貯蔵した後，多数の女子工員により簡単な押出し成型器（パッカー）（図5.15）で半ポンド（225g）に個包装されていた．この方式は非能率，かつ非衛生的であった．1957年，欧米より各種自動包装機が輸入され，包装工程は急速に能率と衛生条件が改善された．その後，国産の包装機も漸次開発され，現在では，高速で衛生的に個包装することが可能になり，連続大量生産方式が確立された．連続バター製造機の普及に伴って，1955年当時378あったバター工場は現在その約1/6に減少している．

図 5.14 撹拌式バター製造装置とバターを貯えるかめ
(雪印乳業史料館)

図 5.15 手動用バター練り器と半ポンド用パッカー
(雪印乳業史料館)

5.3 チーズ製造技術

わが国の乳等省令によると,「チーズとはナチュラルチーズ,およびプロセスチーズを言う」となっている.ナチュラルチーズとは乳,バターミルク,クリームなどを乳酸菌で発酵させ,または酵素を加えて出来た凝乳から乳清(ホエー)を除去し,固形状にしたもの,または熟成したものをいう[21].このように比較的簡単な手段で造ることができるので,バターと同じように古く

から人類は生活の知恵としてチーズを造ってきた．

5.3.1 チーズ製造の歴史
1) ナチュラルチーズ[22), 23)]

チーズの起源は発酵食品のなかで最も古く，人間が家畜を飼育し，乳を利用し始めた約6000年前といわれている．B.C. 2300年頃，すでにエジプトではチーズらしきものを造っていたことが，発掘された碑文に記録されている．ギリシャ，ローマ，フランス，スイスでは古くからチーズを造り，食用にしていた．西暦65年，ローマの作家コルメラ（Columella）はチーズ製造法について書いているが，その技術の原理は現代のものと同じである．

中近東の遊牧民は皮袋に酸敗乳を入れ，自然に分離して得られたカード（牛乳の固まったもの）を携行し食用に供したといわれる．また，カードに塩をまぶし天日乾燥したものを保存食とした．これは10年以上保存できたといわれる．最も古いチーズの一つはロックフォール（Roquefort. 日本ではブルーチーズとも言われる．羊乳を原料とし青カビの酵素を利用して熟成させたもの）とされている．このチーズの製造工程は記録が残されていないことから，実際の操作は口承によって伝えられたものと考えられる．

ヨーロッパや中近東の人々は昔からパンとチーズさえあれば生活できるとし，この二つが生命を維持するための基本食とされてきた．そして，さらにワインが加われば最高の生活であると考えた．ヨーロッパの暗黒時代と言われた中世においては，チーズは主として僧院で造られ，いろいろな優れたチーズが造り出された．やがて農家が自家用チーズを造るようになり，19世紀半ばになるとアメリカ，オーストラリアにチーズ工場ができる．これによって農民は伝統的なチーズ生産者の地位を失うことになる．

食品科学者ベドルーク（J. Bedlouk）は，6000年前にチーズが造られたことは，人類にとって幸運であったと述べている．チーズは牛乳に乳酸菌を入れて造られるが，現代では，誰かが牛乳に訳の分からない菌を入れて食品を造ろうと提案したら，人々に一笑に付されるだろうと言うのである[24)]．チーズは牛乳に乳酸菌を添加後，30℃に加熱，レンネット（仔牛の第4胃の内膜よりとれる凝乳酵素）を加えて，凝乳部分と乳清（ホエーともいう）に分離する．

この凝乳部分を 37〜38℃ まで加温し,凝乳から水分を除き,水分の少ないカード（牛乳凝固物）を造る.このカードに塩を加え,型に詰める.この後,チーズを数週間から数か月（種類によっては低温貯蔵して）熟成させて製品とする.発酵室内の温度と湿度を一定に保ち,カード内に悪い雑菌がなければ品質の良いチーズができる.

硬質チーズは 1kg 造るのに 10〜11l の牛乳が必要である.チーズの組成は,たん白質のほかに少量の無機質,乳糖と相当量の脂肪,水分を含み,消化性が良く,栄養価の高い食品である.特にたん白質の一部は熟成中に消化吸収の良い良好なアミノ酸になっていて,理想的な食品と言える.その旨味成分はグルタミン酸である.

2) **プロセスチーズ**[25], [26]

プロセス（process）とは加工するという意味で,プロセスチーズはナチュラル（natural）チーズを加工して食べやすいようにしたものである.通常は 1〜2 種類のチーズを混合,粉砕,加熱,殺菌,融解,乳化して造る.ナチュラルチーズと比べて次の利点がある.

1) 殺菌されているので熟度が進まず,保存性が良い.
2) 品種や熟度が異なる地チーズを配合して独自の風味と組織をもつ新しい製品を造ることができる.
3) 品質が均一で,形状,重量を自由に定めることができる.
4) 廃棄部分がないので,消費者にとって便利で経済的である.

1895 年,フランスではカマンベール,スイスではスイスチーズを加熱し,保存性を高める試みが行われた.1900 年,アメリカのクラフト（J. L. Kraft, Kraft General Foods の創立者）は,カナダ・オンタリオ州のファガソン食料雑貨店に勤め,チーズの販売を担当し,ガラス容器に入った 60 ポンドのチェダーチーズを客に切り売りしていた.その後,65 ドルの資金を元手にチーズを配達する商売を始めた.この商売は繁盛し,1909 年,2 人の兄弟と共に Kraft Brother's Company を興した.この会社で,種類の違うチーズを混合し殺菌後,密封容器に充填し,製品として売り出すことに成功した.1916 年,クラフトはチーズの殺菌法の特許を取得している.1921 年,彼はプロセスチーズの包装にスズ箱と木箱を用いる方法を開発したが,この方法

は当時としては画期的な改良であった．スズ箱は1904年から使用されていたが，クラフトの独創性はチーズに密着し木箱に付着しないスズ箱を開発した点である．1921年，彼は5ポンド入り包装チーズを売り出した．これは傷みにくく，取り扱いやすいので消費者と食料品店に歓迎された．1933年，ライバル会社のフェニックスチーズ（Phenix Cheese）社と合併し，大きなプロセスチーズの会社になった．

日本では，1951年（昭和26年）頃より本格的なプロセスチーズの製造が始まった．そして，チーズといえばプロセスチーズを意味するほどプロセスタイプが普及した．淡白な味を好む日本人に適するような配合でプロセスチーズは造られてきた．このチーズは日本のチーズ消費の口火を切り，現在も大きな比率を占めているが，次第に味に深い個性と特徴をもったナチュラルチーズが好まれるようになった．最近はナチュラルチーズ（国産＋外国産）の消費が若干プロセスチーズを上回ったといわれている．

5.3.2 日本のチーズ製造の歴史
1) 製造工程の変遷

日本人はチーズの発酵臭を苦手としていたので，1945年（昭和20年）以前はほとんど消費されていない．日本で商業的にチーズ製造を開始したのは1930年代後半である．その技術は貧弱で，まさに試行錯誤の連続であったという．チーズ製造は微生物相手の仕事で，原料乳の品質，乳酸菌の種類や量，カードメーキングの条件（温度，時間）などにより，その品質が大きく左右される．また，発酵期間（例えばゴーダチーズの場合，12℃，湿度85％で3～6か月）における腐敗膨張（酪酸菌の混入など）により予測できない損失を受けることがしばしばあったという．ヨーロッパなどとは気候条件の異なる日本で，品質を確保しつつ工業生産にまで進むということは相当困難な仕事であったと思われる．図5.16に手造り用チーズバットとカードナイフを示す．

北海道製酪販売組合連合会（雪印乳業の前身）は，1933年（昭和8年），同会技師の藤江才介をデンマークに派遣しチーズ製造技術を習得させるとともに，気候条件が良く，原料乳の品質が確保できた北海道遠浅でチーズの工業

化を開始した[26]．これにより，日本のチーズ製造技術の基礎が確立され，今日の優れたチーズを生産することが可能になったと考えられる．

　1945年以降，欧米から各種チーズが輸入されると同時にプロセスチーズの生産が始まり，次第にその消費量が増加していった．1955年（昭和30年），欧米よりステンレス製機械撹拌式チーズバット（図5.17）が輸入され，同時に国産機も普及し，チーズ製造技術は飛躍的に発展した．図5.18に国産ナ

図5.16(a)　カードメーキング用チーズバット

図5.16(b)　カードナイフ

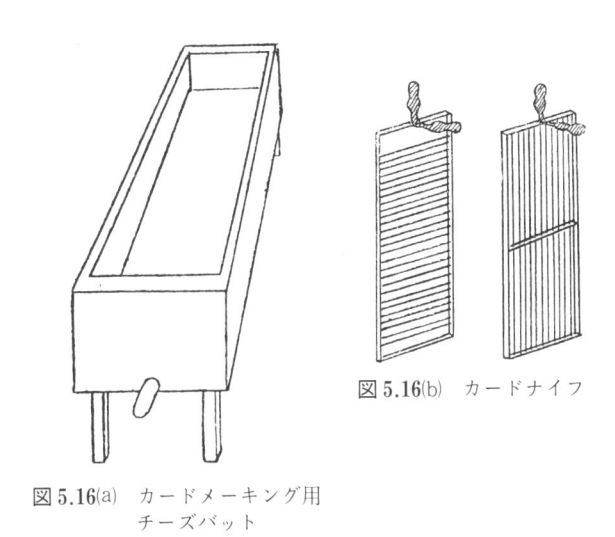

図5.17　ステンレス製チーズバット（デンマーク製）

158   5. 飲用乳，乳製品製造技術の発展

牛乳処理

牛乳　　レンネット添加　凝固　　切断　　加温

ベビーゴーダチーズ

バット内プレス　型詰　プレス　加塩　　熟成

プロボローネチーズ

堆積　混練　型詰　加塩　　熟成

カマンベールチーズ

型詰　加塩　カビ付け　　熟成

ブルーチーズ

型詰・カビ付け　加塩　孔あけ　　熟成

図5.18　ナチュラルチーズ製造工程（雪印乳業チーズ研究所提供）

チュラルチーズの製造工程を示す．

5.3.3 現在のチーズ製造技術
1) チーズ製造技術

現在，世界では150か国がチーズを造り，その種類は500種に及ぶといわれている．そのうち34か国で多くの人に知られているナチュラルチーズが造られ，商業的に輸出している．その代表的なものとして，エメンタール（Emmental，スイス原産），ゴーダ（Gouda，オランダ原産），チェダー（Cheddar，イギリス原産），ブルー（Blue，フランス原産），カマンベール（Camembert，フランス原産）などがある．

開発途上国（南米，南西アジア，アフリカ）のチーズ製造技術は単純であるが，最近はかなり進んできた．コルシカ島の羊乳チーズブロッキオ（Broccio），アルプスの山チーズ（Mountain Cheese），ベネズエラのケソ・ブランコ（Queso Blanco），アメリカ・ペンシルベニア州のポットチーズ（Pot Cheese）などは単純な中に，地域特性を生かした素朴な味があると言われている[27]．

チーズは複雑な酵素系の働きで長い（3～6か月）熟成過程を経て美味しい味となる．この過程を切り詰めると製品の栄養は損なわれないとしても，味は相対的に落ちることになる．最近はグリーンチーズ（熟成していない若いチーズ）の熟成庫に置かれる時間の短縮と共に，有用微生物の活動期間を短くし，低温冷蔵庫で保管されるものが多くなってきた．このような方法はチーズの生産量を高め，利潤を上げることができるが，しかし，その味は長期熟成のものに比べて深みのない，フラットな味になりやすい．

2) 凝乳酵素の開発[22), 23)]
(1) 仔牛レンネット

古代，人間は乳を哺乳動物の胃袋に入れて持ち運んだ．このとき胃袋から浸出したエキスと乳が混じり，その温度，酸度の条件が一致した時に出来たのがチーズである．このエキスがレンネットで，今日チーズ製造に欠かせな凝乳酵素となっている．現在使われているレンネットは，仔牛（生後10～30日）の第4胃から得られる凝乳酵素（プロテアーゼ）である．主成分はキモシン（88～94%）とウシペプシン（6～12%）である．レンネットは初め自家

用のものが使われていたが，1874年，デンマークの化学者ハンセン（Christopher Hansen）が最初のレンネット工場を造った．この会社は現在も粉末レンネットを世界中に販売している．

(2) 微生物レンネット

多くの微生物が牛乳の凝固作用を持っていることは古くから知られていた．しかし凝乳作用に比べ，たん白分解作用が強いためにカードが軟弱になり，チーズ熟成中に苦味を生じるという欠点があった．1960年代，世界的に食肉需要が急増し，成牛に育てるため仔牛の屠殺数が減少し，カーフ（仔牛）レンネット（calf rennet）が不足した．そこで微生物（カビ）の中で凝乳活性を有するものを選別し，商品化した．これはタンク培養により大量生産が可能で安く造ることができるが，不純物として含まれるプロテアーゼ（たん白分解酵素）が多く，苦味を生じやすかった．

(3) 遺伝子組換えレンネット

上記のような欠点を除くために，1970年代から1980年代にかけて，遺伝子組換え技術（仔牛の第4胃のキモシンを分泌する腺の遺伝子を微生物に組み込む）により仔牛のキモシンと同一の酵素を生産する研究が行われた．現在，組換え DNA 技術による微生物レンネット，キモシン（chymosin）がチーズ製造に用いられるようになっている．もちろん，このレンネットは FAO，FDAによって安全性が認められている．

表5.6 にチーズ製造技術の歴史的変遷を示す．

5.3.4 代表的なチーズの種類

チーズは本来，その地域の人々の生活の知恵により，風土，環境に合ったものが造られた．つまり地域特定の食品であって，地方や村の名前を付けたものが多い．しかし，現代は情報化時代であり，その秘伝とする加工技術も次第に公開され，研究されるようになってきた．そこで有名なチーズにあやかって，世界各国で同じようなチーズが造られるようになった．表5.7 に代表的な世界のチーズを示す．なお，チーズの硬さによる分類では水分との関係で表5.8 のように示すことができる．

現在，ゴーダ，チェダーなどの生産量の多いチーズを造る工場では，完全

表5.6 チーズ製造発展の歴史[21)-29)]

西暦（和暦）	事 項
【外　国】	
1200	イタリア Po Valley でグラーナ，ゴルゴンゾーラなどのチーズを製造．
1288	フランス Doubs にてグリュイエールチーズ製造．
1622	スイスでエメンタールチーズ製造．
1675	オランダの光学研究家ローエンホック（Leeuwenhoek）が微生物を顕微鏡で初めて発見．
1791	フランスのマリー・アレル（Marie Harel），カマンベールチーズを製造．
18世紀末	1晩放置した牛乳は酸っぱくなってカードとホエーを生じることが報じられた．
1800	ベルギーでリンバーガーチーズを製造．
1850	アメリカとオーストラリアにチーズ工場ができる．
1857	パスツール（Pasteur）が殺菌の原理から乳酸発酵は微生物によることを明らかにした．
1870	イギリスで最初のチーズ工場ができる．
1880	アメリカで103,500tのチーズが生産される．
1889	チーズ表面にパラフィン塗布をしてカビ発生を抑える．
1890	リスター（Lister）が乳酸菌 *Lactococcus lactis* を分離．
1890年代	デンマークのクリストファー・ハンセン研究所（Chr. Hansen's Laboratories）とイギリスのレディング酪農研究所（British Dairy Institute at Reading）が粉末状乳酸菌スターターを試作．
1900〜1910	チーズ製造に酸度滴定法が採用される． 乳酸菌の純粋培養によるスターターの開発． チーズ用乳の低温殺菌始まる．
1904	アメリカのクラフト（J. L. Kraft），プロセスチーズ製造を始める．
1906	アメリカのマーシャル（Marschall），乳酸菌スターターを開発．
1916	クラフトがプロセスチーズの製造法（混合，粉砕，加熱，包装など）のアメリカ特許を取得．
1919	デンマークのオーラ・イエンセン（Orla-Jensen），スターターの菌叢に関する論文を発表．
1930〜1940	ニュージーランドのホワイトヘッド（Whitehead），単一種の乳酸菌をチーズに使用するとバクテリオファージ（bacteriophage）を起こし酸が生成しないと発表．
1935	塩化カルシウムをレンネット凝固を促進させるために使用（イギリス）
1950	イギリスのルイス（Lewis）が大規模にスターターを造る場合の注意事項を発表．
1955〜1980	チーズ製造の機械化と自動制御により生産性が向上．シーケンス制御により凝固切断，クッキング工程の時間と温度を制御できるようになった．
1958	コルビーチーズに黄色ブドウ球菌（*Staphylococcus aureus*）が存在し，エンテロトキシン毒素を産生，チーズメーカーにとって重大事件となる．毒素を産生する前に微生物を殺菌すること，チーズ製造工程での酸生成が適切であることが重要となった（アメリカ）
1960〜1970	凍結濃縮および凍結乾燥バルクスターターの調製法が確立される（デンマーク）

西暦（和暦）	事　　項
1980～1990	乳酸菌（lactic acid bacteria）の遺伝子操作による直接バット培養法が確立される．
【日　本】	
1875（明治 8）	蝦夷開拓使顧問，エドウィン・ダンの指導により，わが国で最初のチーズが製造される．
1878（明治11）	レンネットを用いてチーズが製造される．
1890（明治23）	千葉県下総種畜場でチーズを試作．
1910（明治43）	函館のトラピスト修道院においてチーズ製造．
1919（大正 8）	房総煉乳（明治乳業の前身），ドイツのフランク・ツォルトンの指導によりブリックチーズを製造．
1923（大正12）	種子島牧場でチーズ製造．
1928（昭和 3）	北海道製酪販売組合連合会（雪印乳業の前身），ブリックチーズ，チェダーチーズを2,250kg 製造販売するも販売不振のため約1年で製造停止．
1932（昭和 7）	明治製菓がスイスより製造機器一式を導入，本格的にチーズ製造開始．
1933（昭和 8）	北海道製酪販売組合連合会が北海道の遠浅にチーズ専門工場を建設．
1934（昭和 9）	同連合会，プロセスチーズ（1/2ポンド，カートン入り）を発売．森永煉乳胆振工場でチェダーチーズの製造開始．
1935（昭和10）	北海道製酪販売組合連合会，6ポーションとカートン入りピメントチーズ，キャラウェーチーズなどを生産発売．
1936（昭和11）	明治製菓，6ポーションタイプのプロセスチーズを発売．
1937（昭和12）	凝乳酵素，チーズカラー（アナトーなどの天然色素を加え濃厚感を与えるもので，主としてプロセスチーズに用いる）などの研究開発が行われる．
1943（昭和18）	チーズ生産量が戦前で最高となる．
1944（昭和19）	戦争によりカゼイン，練乳，粉乳生産のためチーズ生産量激減．
1948（昭和23）	北海道酪農協同㈱，チェダー，エダムチーズを製造．
1950（昭和25）	ナチュラルチーズの輸入自由化が始まる．
1955（昭和30）	協同乳業松本工場でナチュラルチーズ生産開始．
1956～1966	パルメザン，ゴーダ，チェダー，エダム，カマンベール，エメンタール，カッテージなどのチーズが製造される（雪印乳業）
1963（昭和38）	学校給食にチーズが導入される．
1968（昭和43）	クリームチーズが製造される．
1970～1975	ソフト，メルティ，スライス，粉末タイプのプロセスチーズが開発される．
1982（昭和57）	東京大学農学部・別府教授，遺伝子工学の手法により大腸菌から凝乳酵素の産生に成功．

自動化に近い方法で製造されている．しかし，田舎の小さな工場では未だに手造りチーズが多い．作業者は背を曲げてチーズカードをバットから容器に移し，手で塩をまぶす．このようにチーズ製造は保守的で，試行錯誤により長い期間を経て技術が洗練されてきた．そしてチーズ職人は，世紀を超えて

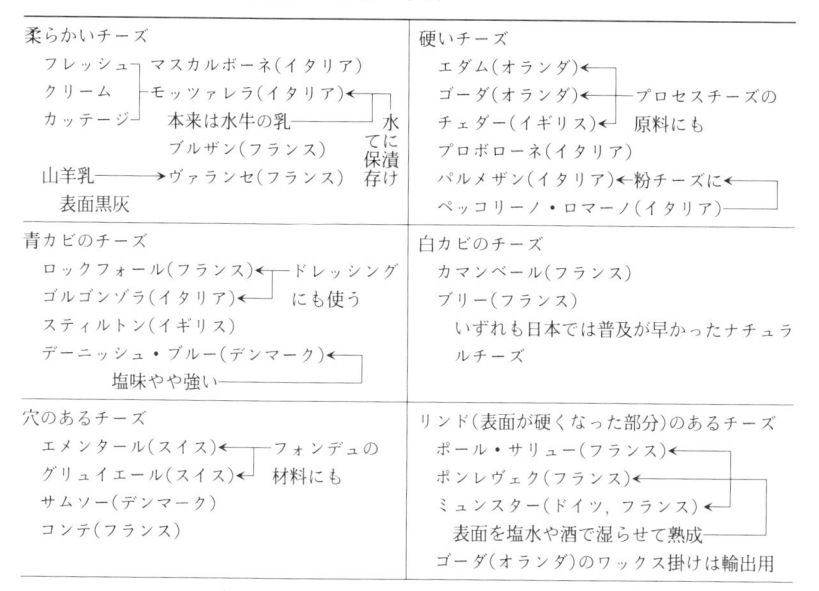

表5.7 代表的な世界のチーズ[22), 23)]

柔らかいチーズ	硬いチーズ
フレッシュ　マスカルポーネ(イタリア) 　クリーム　　モッツァレラ(イタリア)←──┐ 　カッテージ　　本来は水牛の乳────┐　│水 　　　　　　　　ブルザン(フランス)　│て 　　　　　　　　　　　　　　　　　│に 　山羊乳───→ヴァランセ(フランス)│保存 　表面黒灰　　　　　　　　　　　　│け	エダム(オランダ)←──┐ ゴーダ(オランダ)←──┤プロセスチーズの チェダー(イギリス)←─┘原料にも プロボローネ(イタリア) パルメザン(イタリア)←┐粉チーズに ペッコリーノ・ロマーノ(イタリア)┘
青カビのチーズ	白カビのチーズ
ロックフォール(フランス)←──ドレッシング ゴルゴンゾラ(イタリア)←──にも使う スティルトン(イギリス) デーニッシュ・ブルー(デンマーク)──┐ 　塩味やや強い──────────────┘	カマンベール(フランス) ブリー(フランス) 　いずれも日本では普及が早かったナチュラルチーズ
穴のあるチーズ	リンド(表面が硬くなった部分)のあるチーズ
エメンタール(スイス)←──フォンデュの グリュイエール(スイス)←─材料にも サムソー(デンマーク) コンテ(フランス)	ポール・サリュー(フランス) ポンレヴェク(フランス) ミュンスター(ドイツ, フランス)←── 　表面を塩水や酒で湿らせて熟成── ゴーダ(オランダ)のワックス掛けは輸出用

風味の優れたチーズを造ることに専念したきたのである．このような伝統的チーズ製造技術を乗り越え，どのような点を機械化できるかということは，中々困難な問題であった．まずはその工程を単純化して機械化し，生化学反応工程を効率化することから始められた．機械化によるチーズの物性と風味との関係は微妙で，必ずしも良いものではなかった．図5.19に自動化された製造工程を示す．また，表5.9に新旧製造工程の比較を示す[28)]．

次に日本で製造または使用される代表的チーズについて述べる．

1) ゴーダチーズ

1697年，オランダのゴーダ村原産で世界的に有名なチーズである．日本のナチュラルチーズ生産量の約70％を占めている．直径30〜35cm，高さ

表5.8 チーズの硬さの分類

MFB%*	呼　称
<51	超硬質
49〜56	硬　質
54〜69	硬い/半硬質
>67	普　通

* MFB（persentage moisture on a fat free basis）
$$= \frac{チーズの水分量}{チーズ重量 - チーズ脂肪量} \times 100(\%)$$
資料：コーデックス規格，日本国際酪農連盟（1999）

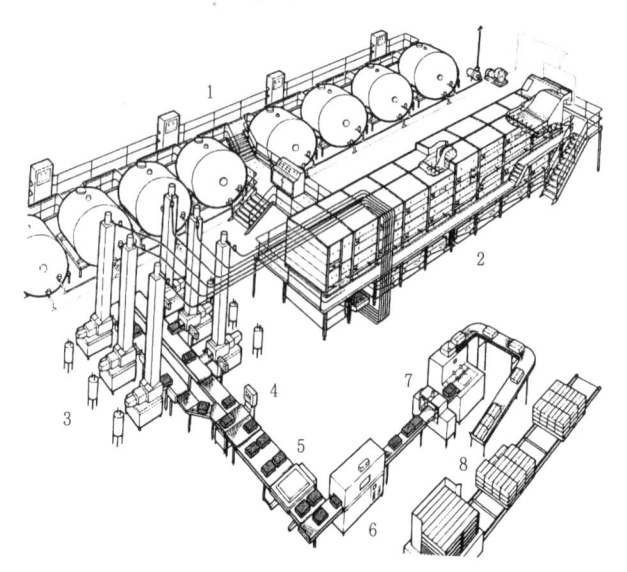

1：チーズ製造タンク，2：チェダーリング装置 3：ブロック形成部，4：秤量装置，5：真空包装部，6：シュリンクトンネル，7：カートン包装部，8：パレット積載部

図 5.19 近代的なチェダーチーズ製造装置[28]

表 5.9 ゴーダチーズの新旧製造工程の比較[28]

製造工程	旧 使用機器	システム	新 使用機器
脂肪調節	一部の乳を静置して自然分離	連続式	遠心分離機
殺菌冷却		連続式	プレート熱交換器
スターター，レンネットの添加		連続式	自動添加装置
乳の凝固		回分式	自動機械化大型タンク 自動凝固判定器（細線加熱式）
カードメーキング	チーズバット内ですべて手作業	回分式	自動機械化大型タンク
ホエー分離（予備圧搾）		回分式	自動機械化装置
ブロックカッティング		回分式	自動カッティング装置
圧搾・成形	モールド	回分式	自動機械化圧搾装置
加塩（ブライン間接）	ブライン槽	回分式	ブライン槽
包装	—	連続式	フィルム真空包装および段ボール詰機
熟成	熟成室の棚上でリンド形成		低温庫のパレット上で熟成

10～13cm，重量8～10kgの円筒形．カードを10～15℃で2～6か月間熟成させて造る．水分36%，脂肪31%，たん白質28%，灰分5%．

2) チェダーチーズ

1500年，イギリス・チェダー村の低温の洞穴の中で初めて造られた．カードを0～10℃で2～12か月間熟成させて造る．リンド（表面が硬くなった部分）は白から黄色まで色に幅がある．普通の大きさは直径37cm，高さ30cm，重量32～35kgで，温和で酸味のある旨さと甘い芳香がある．アメリカのチーズ生産量の80%，イギリスでは約50%を占め，日本ではゴーダチーズに次いで多く約20%である．

3) エメンタールチーズ

スイス原産で他の国ではスイスチーズと呼ばれている．直径120cmの円盤状で，重量30～100kgの大型チーズである．発酵過程でプロピオン酸によりガスホール（眼，eye）ができるのが特徴である．アメリカではチェダーに次いで生産量が多い．

4) カマンベールチーズ

1791年，フランス・ビムティエール地方原産である．白カビを使うので白かびチーズともいわれ，軟質チーズの代表である．日本でもかなり愛好者が増えている．カビはチーズ表面に生育し，その酵素は中心部に向かって浸透し熟成させる．直径約11cm，高さ3.5cm，重量300g，水分約50%．

図5.20 オランダ・アルクマール町のチーズ市（毎週金曜日に開催され，主としてゴーダチーズが売られている）（雪印乳業ホームページ，1997年）

図5.20にオランダのチーズ市を示す．主にオランダ特産のゴーダチーズであるが，青空市場で盛大に取引されているのが分かる．

5.4 アイスクリームの製造技術

5.4.1 アイスクリームの歴史

1700年，アメリカにおいてアイスクリームの名が初めて登場した．それ以前は，フランスではグラス・ド・クレーム（glace de créme），イタリアではジェラート（gelato）と呼ばれていた．最近，日本でジェラートとして売られているものは粘度を高くしたもので，本質的にはアイスクリームと変わりはない．

今日，日本では四季を通じ，老若男女を問わず手軽にアイスクリームを楽しんでいる．この傾向は世界中，どの国も同じである（図5.21，図5.22）．特にアメリカ人はアイスクリームを好み，路上を食べながら歩く姿をよく見かける．このように極めて大衆化したアイスクリームではあるが，今日に至るまで長い年月があり，その製法原理の発見は約400年前に遡る．

1532年，イタリア・フィレンツェのメディチ家（富裕な商人，銀行家の家系で，15世紀より18世紀まで中部イタリアを支配した）の娘カトリーヌがフランス国王アンリ2世に嫁いだ時に，シャーベット，リキュールなどの製法が同

図5.21 ローマ，トレビの泉にある有名なアイスクリーム店の前で

5.4 アイスクリームの製造技術

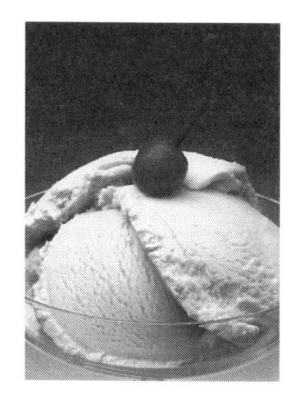

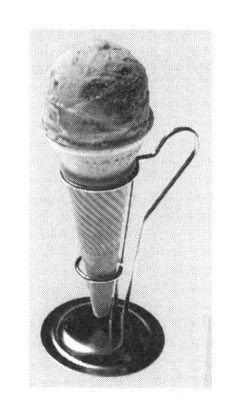

図 5.22 バニラとストロベリーアイスクリーム

時にフランスに伝わったと言われる[29),30)].

1630年，イタリアのゾルド市で初めて水，牛乳，卵を使ってアイスクリームが造られたという．この製法は氷と塩を桶の内周に入れ，中心部に上記のミックスの容器を入れて外側から冷却するようになっている．桶中心部に取り付けた傘型歯車で撹拌し，1回の冷却時間は約30分であったという．この方法で造ったアイスクリームは氷の粒子が小さく，冷たくてデザートとして美味しいと当時の人々に評価されたといわれる[31)].

16世紀後半，イタリアでは氷の結晶の大きいアイスキャンデー様のアイスクリームが造られ，これがヨーロッパ各国に伝えられた．今のようなアイスクリームは18世紀後半，フランスのルイ王朝のコック長により初めて造られたという．アイスクリームにシロップをかけたものをサンデーと呼ぶが，これは1880年，アメリカ・ウィスコンシン州ツーリバース町のソーダパーラーで始まった．この店で，一人の少年がバニラアイスクリームの上に，側にあったチョコレートのシロップをかけてほしいと頼んだ．早速，他の客も真似て食べたところ，非常に美味しかった．その話を聞いて大勢の客がこのパーラーにやって来て同じものを注文した．そのために他の店のアイスクリームが売れなくなり，このパーラーに苦情が出された．そこで，日曜日にのみこの方法で売ることになり"Sunday"という名が付けられた[24)].

日本で初めてアイスクリームを売り出したのは，1869年（明治2年），横

浜馬車道通の町田房蔵である[29]．はじめ，人々はアイスクリーム見るだけで買おうとはしなかったが，翌年また売り出したところ大繁盛したという．アイスクリームは最近まで，冷菓または氷菓と呼んでいたので菓子あるいはデザートの一つという考え方であった．アイスクリームは暑い夏の風物詩として，また子供達の"おやつ"として親しまれてきたが，今日ではどこの街でも1年中，デパート，スーパー，喫茶店，お菓子屋などに置かれ，子供だけでなく誰でも手軽に好きな種類のものを選んで食べることができる．特に20代以下の人には，その風味は"天使のおやつ"と言ってよいほど好まれる．この風味を生み出す原料はミルクと砂糖であり，さらに口の中いっぱいに広がるまろやかな甘さと組織を与えてくれるのは空気である．空気とアイスクリームミックスとの割合は容積比で1：1〜0.5となっており，口の中で溶ける時にあまり冷たさを感じさせず爽やかさを与えてくれる．つまり，アイスクリームは空気が入っているのであのようなソフトな味になっているのである．わが国の乳等省令によるアイスクリーム類の定義は表5.10のとおりである．

最近はハーゲンダッツ（Häagen Dazs）社（1961年，ルーベン・マスターにより創立）の日本進出（1984年）により，同社の高級製品，スーパープレミアムが流行となり，各乳業メーカーが競ってこの種のアイスクリームを製造販売するようになった．従来，アイスクリームは80〜90％のオーバーラン（空気含有率を示す）が良いという考え方であったが，このアイスクリームは30％以下で，これによりクリームの濃厚感を与えるとしている．したがって，アイスクリーム製造の既成概念とは根本的に異なることになった．さらにハーゲンダッツ社は，次のようなアイスクリーム製造の要点を示している[32]．

表5.10 アイスクリーム類の定義

	乳固形率	乳脂肪率	備　　考
アイスクリーム	15％以上	8％以上	
アイスミルク	10％以上	3％以上	
ラクトアイス	3％以上	—	
シャーベット	—	—	シロップと果汁を主体にリキュールを加えた氷菓
スーパープレミアム	—	14％以上	オーバーラン30％以下

1) 冷蔵温度を−26℃に保持：アイスクリーム中の氷結晶は温度変化により成長する．その成長をおさえ，一定の大きさを維持するため−26℃に保持する．

2) オーバーランは17％を保持：できるだけ空気含有率を下げ，クリーミーな舌ざわりとする．

3) 氷結晶の大きさを39μm以下に：アイスクリームは温度上昇と時間経過によりその氷結晶が大きくなる．70μm以上になるとザラザラ感が出て滑らか感を失う．専用の顕微鏡で製品の氷結晶を検査する．

5.4.2 アイスクリームフリーザーと製造工程の発展

アイスクリームは初め手動式でフリージングを行っていたが，1920年代に入ると図5.23に示すように，塩化カルシウムと氷を混ぜた固液状のものを外筒内に置き，内筒にアイスクリームミックスを入れ，機械で撹拌して冷凍する方式になった．動力は平ベルトとカウンターシャフトによって円筒上部の傘歯車に伝えられて縦方向に回転させる．このような方法により，部分的ではあるが自動的にミックスのフリージングを行うことが可能になった．その後，ブライン（塩化カルシウム液）による間接冷凍，回分式フリーザーが開発され，1955年頃まで使用された．やがてアンモニア，フレオンによる

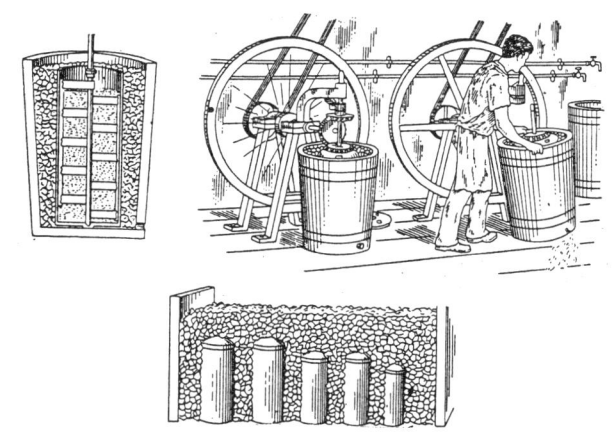

図 5.23 昔のアイスクリーム製造法[31]

直接膨張, 連続式フリーザー (図 5.24, 図 5.25) が開発され, アイスクリームの品質, 製造能力ともに格段の進歩を遂げた. 今日のアイスクリームフリーザーの機能特性としては, 次の3点が要求される.

1) アイスクリームミックスを凍結し, ソフトクリーム状ボディとする.
2) ミックスに規定量の空気を入れる.
3) ミックスを混和 (kneading) し, 気泡, 氷晶, 脂肪などを均一に分散させる.

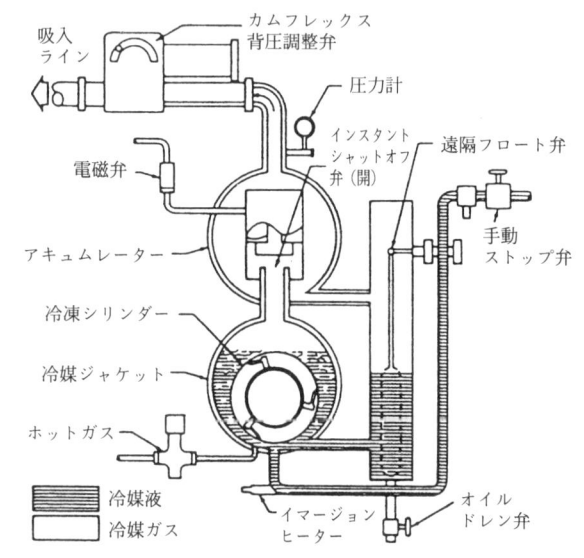

図 5.24(a) 満液式アイスクリームフリーザー
(APV, CREPACO社)[33]

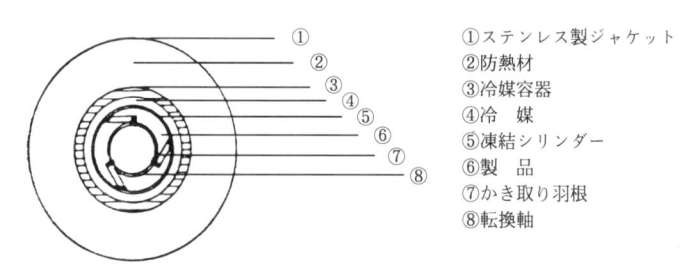

① ステンレス製ジャケット
② 防熱材
③ 冷媒容器
④ 冷　媒
⑤ 凍結シリンダー
⑥ 製　品
⑦ かき取り羽根
⑧ 転換軸

図 5.24(b) フリーザーの凍結シリンダー内構造[33]

5.4 アイスクリームの製造技術

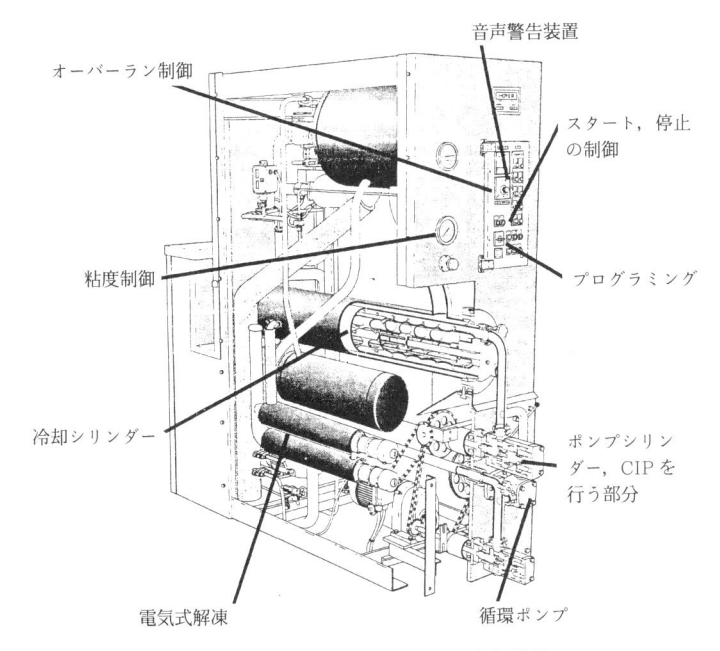

図 5.25 近代的アイスクリームフリーザーの内部構造（デンマーク，O.G.ホイヤー社とアルファラバルグループ）

図5.26に最近のアイスクリーム製造工程を，また図5.27に現代のアイスクリームフリーザーを示す．

アイスクリームは物理的に気体（空気），液体（アイスミックス），固体（氷）の3相が同時に共存する食品である．フリーザーでミックスの冷凍を始めると，その中に含まれている自由水が氷結晶を生成し，ミックス濃度が上昇する．例えば，-4℃でミックス中水分の33％，-5.6℃で50％，-23℃で85％が氷結晶になる．液相には乳糖結晶，固体脂，不溶性無機塩，乳たん白，糖類，乳化剤などが含まれる．アイスクリームの硬化温度は-30℃以下であるので，水分はほとんど氷結晶となっている．したがって，アイスクリームの組織は液相の連続相に微細な気泡と氷結晶が分散しているものと言える．このような組織であるからアイスキャンデーのような冷たさがなく，"ふわっと"して舌にとろけるような口当たりになる．

アイスクリーム工業がどのように進歩してきたのかを，技術的視点で検証

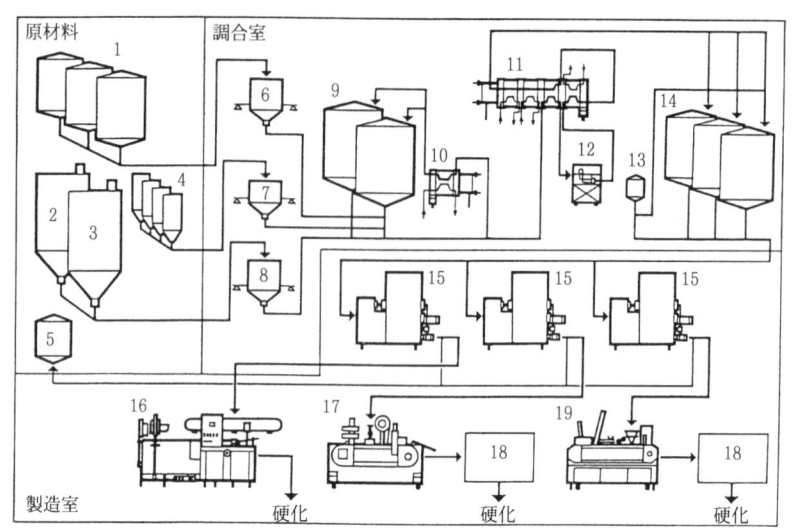

1：牛乳・練乳・クリーム・液状ブドウ糖・液状脂肪，2：砂糖，3：粉乳，4：乳化剤・
安定剤など，5：余剰ミックスタンク，6：液体原料秤量タンク，7：少量原料秤量タンク，
8：乾燥原料秤量タンク，9：混合タンク，10：熱処理，11：パステライザー，12：均質機，
13：フルーツ・着香料添加，14：熟成タンク，15：連続式フリーザー，16：バーフリーザー，
17：家庭用カートン包装機，18：硬化トンネル，19：コーン・カップ充填機

図5.26 アイスクリームの製造工程[38]

アイスクリーム処方：脂肪率7〜20%，無脂乳固形率9〜11%，砂糖12〜16%，乳化剤・
安定剤・香料・色素 各0.2〜1%，全固形率34〜40%．

すると次のようなことが寄与していると考えられる．

1. 機械式冷却，冷凍法の完成
2. 均質機，連続式フリーザー，オーバーランテスター，充填機などの進歩と完成
3. 優れた品質の原材料，安定剤，乳化剤とミックス配合の探索
4. 大量生産によるランニングコストの低減
5. 科学的，専門的知識を基にした美味しさの追求
6. 生活水準の向上による購買力の増加
7. 家庭における冷蔵庫の普及

アイスクリームの発展の歴史を示すと表5.11のとおりである．

5.4 アイスクリームの製造技術

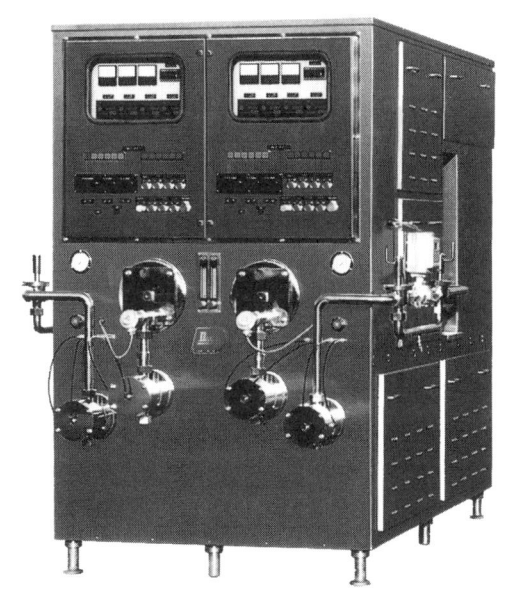

図 5.27 現代のアイスクリームフリーザー
（大東食品機械㈱）

表 5.11 アイスクリーム発展の歴史[33]-[37]

西暦（和暦）	事　項
【外　国】	
1530	イタリア・シチリア島において，マルク・アントニウス・シマラは硝石に氷を混ぜると著しく温度が低下することを発見し，果汁やワインの入った容器を冷やした．
1552	シャーベットがイタリアのカトリーヌ・ド・メディチによってフランスに伝えられた．
1625〜1649	イギリスのチャールズ1世がジェラール・テイセン（フランス人）に命じ氷菓子を造らせた．グラスナポリタンと称するレシピを作ったが，これが今日の3色アイスの原形である．その技術は高く評価され，20ポンドの手当てを受けたという．
1660	フィレンツェで冷凍技術（硝石，塩を氷に混ぜる）が確立される．回転凍結筒が開発され，卵白入りレモネードを泡立てながら凍結，かき取る方法が完成した．
1700	アメリカ・メリーランド州知事が晩餐会でアイスクリームを提供．
1720	イタリア人のプロコピオ・デ・コルテリ（Procopio de Coltelli）がパリに初めてアイスクリームの店を開設．
1774	プロコピオの製法でアイスクリームがパリで造られ，シャルトル公爵に献上された．

西暦（和暦）	事　項
1780	イタリアンジェラートがパリの上流家庭で誕生.
1785	ニューヨークの食料品販売業ホール（Philip Lents Hall）がアイスクリームを販売.
1789	ハミルトン（Alexander Hamilton, 当時アメリカ財務長官）夫人が晩餐会（第3代大統領ジャクソンが出席）でアイスクリームを提供.
1798	イタリア人のトロトニ, 美味しく優雅なアイスクリームを造りヨーロッパで名声を得る.
1811	マディソン（Dorry Madison, 第4代大統領夫人）がホワイトハウスの晩餐会でアイスクリームを提供. このアイスクリームはポットフリーザーで造られた. これは塩と氷を入れた鍋の中で加糖クリームの入った容器を手で回す方式.
1846	アメリカの主婦ナンシー・ジョンソン（Nancy Johnson）がハンドル付き手回し式家庭用ハンドフリーザーを発明.
1848	アメリカでアイスクリーム用回転式フリーザーが特許化される.
1851	アメリカ・バルチモアのヤコブ・フッセル（Jacob Fussel）（図5.28）がアイスクリームの製造を開始し, 1クオート（約1l）を60セントで売り出す.
1859	機械的方法による冷凍法が開発される. アメリカで約15klのアイスクリームが製造される.
1876	ドイツのリンデ（Karl von Linde）博士とアメリカのボイル（David Boyle）が協力してアンモニア圧縮式冷凍機の実用化に成功.
1890	フランスのゴーリン（August Gaulin）, 均質機を発明.
1892	アメリカ・ペンシルベニア州立大学にアイスクリーム製造コースができる.
1896～1901	アメリカ各地で本格的なアイスクリーム硬化室が造られる.
1902	アメリカで横型循環式ブライン型フリーザーが開発される.
1904	アメリカ・フィラデルフィアのCharles Hiers社でアイスクリーム製造に初めて均質機を使用する.
1911	均質機使用のアイスクリーム製造プロセスが開発される.
1914	アメリカのマジョニア（Mojonnier）社, 直接膨張式アイスクリームフリーザーを開発.
1917	マジョニア式オーバーランテスターが発売される. クリーマリー・パッケージ（Creamery Package）社, 80クオート・アイスクリームフリーザーを開発.
1920	マジョニア社, アイスクリーム包装充填機を開発.
1921	アメリカのアイスクリームの工場生産量125,000klになる. アメリカ・アイオワ州のネルソン（Nelson）らが"エスキモーパイ"の特許を取得, これが最初のノベルティものとなった.
1922	直接膨張式フリーザーが開発される.

図5.28　ヤコブ・フッセルがアイスクリームを製造しているところ（1851年6月）

5.4 アイスクリームの製造技術

西暦（和暦）	事　項
1925	アイスクリームが融けるのを防ぐためにドライアイスが使用される．
1926	ソフトアイスクリーム用カウンターフリーザーが開発される．
	ヘンリー・ボーグ（Henrry Vogue），連続式フリーザーを開発．
1928	ボーグの連続式フリーザーがチェリーバレル（Cherry Burrell）社により販売される．
1935	クリーマリー・パッケージ社より連続式フリーザーが販売される．
1940〜1945	家庭用冷蔵庫が普及．
1945	アメリカで約158万klのアイスクリームが製造される．これは1人当たり3.38lの消費となる．
1950	植物油置換によるアイスクリームが現れる．
1953	アイスクリームミックスにHTST殺菌（79℃，25秒）がアメリカ公衆衛生局より認められる．
【日　本】	
1869（明治2）	5月9日，町田房蔵が横浜常磐町5丁目（俗称，馬車道通）にアイスクリーム店を開業，氷水とアイスクリームを売る．アイスクリーム1個の値段は当時の大工の日給の2日分，今の値段にすると約8,000円となり，極めて高いものであった．
1873（明治6）	明治天皇が開拓使第1官園（麻布）に行幸された際，アイスクリームを召し上がられる．
1874（明治7）	宮内省大膳職の村上光保，東京麹町にアイスクリーム店を開く．
1879（明治12）	オランダ人のストネルブリング，東京に機械製氷場を造る．
	米津風月堂が東京日日新聞にアイスクリームの広告を出す．
1890（明治23）	風月堂，銀座でアイスクリームを売り出す．病人，ハイカラさんに好まれた．
1920（大正9）	富士アイスクリーム，アメリカよりフリーザーを輸入．
1922（大正11）	極東煉乳㈱（後の明治乳業）の技師・沖本佐一がアメリカでアイスクリーム技術を学び，クリーマリー・パッケージ社より横型フリーザー（能力10クオート/回）と100ガロンのミキサーを購入し（1921年），三島工場に設置，製造を始める．
1923（大正12）	佐藤貢（後の雪印乳業社長）がアメリカ・オハイオ州立大学で乳製品製造技術を学び，Master of Scienceの学位を得て帰国，札幌の自助園でアイスクリームを製造，デパートで販売する．
1927（昭和2）	北海道製酪販売組合連合会（雪印乳業の前身），札幌でアイスクリームを製造．
1928（昭和3）	アイスキャンデー発売される．
1940（昭和15）	魔法瓶登場．
1943（昭和18）	戦時体制でアイスクリームの製造中止．
1946（昭和21）	アメリカの進駐軍，ソフトアイスクリームフリーザーを導入．
1951（昭和26）	アメリカより連続式フリーザーが導入される．
1955（昭和30）	デンマーク製バーフリーザー（bar freezer）が輸入され，いわゆるバーアイスクリーム（1本10円）が全盛となる．
1956（昭和31）	ソフトアイスクリームがブームとなる．
1958（昭和33）	モナカアイスクリームが流行する．

西暦(和暦)	事　項
1960（昭和 35）	三色ものなどのバラエティ製品が量産される． 初夏にアイスクリームの40％が造られる．
1963（昭和 38）	大型フリーザー，連続硬化トンネルが導入される．
1964（昭和 39）	乳脂肪率3％以上をアイスクリームとする規格改正が行われる． みぞれ（かき氷）タイプが流行する．
1970（昭和 45）	乳脂肪8％以上，全固形率32％以上をアイスクリームと呼ぶよう規格が改正される．その他のものは脂肪率，全固形率の低下に従ってアイスミルク，ラクトアイス，氷菓と呼ぶようになった．
1975（昭和 50）	冷蔵庫の普及により，カップ，バーなどのノベルティもの（新しいもの）が量販店で販売されるようになる．
1984（昭和 59）	東京青山にハーゲンダッツ社が進出，高脂肪（15％），低オーバーラン（20％）のスーパープレミアムアイスクリームの時代が始まる．

5.5　練乳製造技術

5.5.1　世界における練乳発達史[39)-41)]

　牛乳が一般商品として問題になるのは，約90％にも及ぶ水分を含有するために，① 貯蔵，運搬に経費および労力を要する，② 極めて腐敗しやすい，などの欠点を有することである．この欠点を除くために，水分の除去，砂糖の添加など一般に適用される食品保存法を利用したのが練乳である．この練乳が広く世に出るようになったのは19世紀に入ってからである．

　練乳製造が一つの確固たる事業として認識されるようになったのは，1856年，アメリカのゲール・ボーデン（Gail Borden）が特許を得てからである．彼はジェレミアク（Jeremiak），ミルバンク（Milbank）の資金援助によってニューヨーク州ホワイトプレーンにニューヨーク練乳株式会社を創立した．彼の特許は牛乳を濃縮するのに低圧，低温で行うもので，従来の大気圧で平鍋を用いて濃縮した製品に比べ風味の点で優れていた．ボーデンがアメリカで練乳事業に成功した同時期に，ページ（Page）兄弟はスイスに練乳工場を設け，アングロ・スイス練乳会社（Anglo-Swiss Condensed Milk Co.）を興した（1866年）．その後1904年，ネスレ練乳会社（Nestle Condensed Co.）に買収合併され，Nestle's and Anglo-Swiss Condensed Milk Co.として世界各地に工場を有するに至った．

5.5 練乳製造技術

　無糖練乳の製造は加糖練乳より早く始められたが，保存性を維持できる良品を得ることができなかった．その工業化に成功したのは 1887 年で，マイエンベルグ (Meyenberg) によってなされた．

　無糖練乳を初めて製造したのはフランスのニコラ・アペール (Nicolas Appert) である．彼は平鍋で牛乳を 1/3 に濃縮し，軍用に供した．これは缶詰にした 1/3 濃縮牛乳を 240°F (110°C) になるまで水蒸気で加熱滅菌したものである．この発明は缶詰食品の基礎技術となった．その後 1847 年，イギリスのグリムウェド (Grimwade) は防腐の目的で牛乳に少量の硝石を加え，真空釜内で減圧濃縮する方法について特許を得た．しかし，その製品にはいろいろ欠陥があり広く応用されるには至らなかった．アングロ・スイス練乳会社の技師であったマイエンベルグは，この製品の保存性を高めるために独特の方法を開発し，アメリカにおいて 1884 年と 1887 年にその特許を公開した．1898 年，アメリカとスペインの戦争により無糖練乳の需要が増加し，さらに第一次世界大戦 (1914～1918 年) によって加糖練乳と共に著しく消費量が増加した．そして単に軍用のみならず，育児用，市乳代用品として用いられるようになった．アメリカでは，1946 年まで無糖練乳の生産が増加したが，それ以後は次第に減少している．

　なお，ゲール・ボーデンは真空濃縮法により初めて品質の良い加糖練乳を製造することに成功したが，死の前に次のような言葉を残していった．

Gail Borden (Dairy man to nation):

I tried and failed, I tried again and again and succeeded.

Replacing the earthly symbol was a monument with an epitaph that in two lines told the story of man's life.

　　　　　　　University of Oklahoma Press 1951 by Joe B. Frantz.

訳：私は何回も何回も試み失敗した．しかし，最終的に成功した．男の人生の物語として，この二つの方向（失敗と成功）を墓碑に刻み，この地球に生きた証としたい．

　　　　　　　ゲール・ボーデン（乳業マンから国民の皆さんへ）

5.5.2 わが国における練乳発達史[39), 42)]

1) 北海道開拓使勧業試験所

練乳が日本で初めて製造されたのは，1872年（明治5年），東京麻布旧佐倉藩主堀田伯爵邸跡に置かれた開拓使第3号試験所においてである．当時世界的に好評を得ていたアメリカのゲール・ボーデン社の鷲印（Eagle brand）練乳を手本として試製された．この製造に携わったのは外人教師のケプロン，エドウィン・ダン，ブラウン（技師長）や，畜牛および乳製品製造の主任であった田中勝太郎などであった．特にダン，ブラウン両氏の指導に負うところが大であった．彼らに練乳製造の経験があった訳ではないが，酪農業に造詣の深い人達であったので，無経験とはいえ研究や指導に種々の貢献をしたのである．とにかく，その当時は鷲印練乳を唯一の手本にして，幼稚な方法で試験製造を行っていた．その製造方法は，日本在来の青銅鍋（特製のもので，直径1尺5寸＝約45cm，深さ5寸5分＝約17cm）に生乳を入れ，石製の七輪にかけ，木製の撹拌べらでかき回しながら造ったものである．はじめ，硫酸，炭酸カリウム，砂糖などを入れて製造したが，いずれも失敗した．このような失敗を重ねながら次第に製法を修得し，牛乳1升（1.8l）に砂糖70～80匁（260～300g）を入れて加熱撹拌，焦げつかないように水分を蒸発させ製品としたが，ボーデン社の鷲印練乳のような微細な結晶にならず，また常圧で濃縮したのでメイラード反応で褐変し，品質的に劣るものであった．

その後，各地で練乳の製造が始まったが，その生産量は少なく，育児用，病人用としてわずかに消費されるに過ぎなかった．また，大半を輸入品に頼っていたが，それは次のように国産品と輸入品との比を見れば明らかである．

	輸入品	国産品
1905年（明治38年）	812万斤（4,870t，161万円）	27万斤（162t，金額不明）
1913年（大正2年）	697万斤（4,182t，187.7万円）	292万斤（1,752t，56.5万円）

2) 練乳事業の発展

練乳事業は日露戦争当時（1904～1905年，明治37～38年）に基礎が確立した．その後，第一次世界大戦で練乳の輸入が止まったため，日本の練乳事業

5.5 練乳製造技術

は急速に発展するようになった．上記のように，大戦が始まる前は輸入練乳量は国産練乳量の約3倍となっている．当時の主要乳製品は練乳，粉乳，バターであった．特に練乳は日本乳業の中心の製品として発展したと言える．しかし，はじめ日本の技術は幼稚であり，乳糖の粗大結晶の発生，粘度の増加，褐変化，ボタン（細菌混入による斑点）の発生などに苦しんだ．アメリカ製練乳（ボーデン社の鷲印練乳）との品質上の格差は著しく，その差をいかに少なくするかという技術上の戦いの連続であった．日本の牛乳，乳製品事業が工業的形態をとるに至ったのは第一次世界大戦（1914年，大正3年）以後である．日本の乳業が進展を見せたのは，国際的進出に伴う生活様式の変化と有畜農業の必要性が叫ばれたためと考えられる．

加糖練乳は，まず牛乳を殺菌しなければならない．1950年代まで，殺菌は荒煮釜（forwarming tank）と称する小さなタンクで行われていた．その大きさは直径3尺5分（92cm），高さ3尺4寸5分（104cm）のものが多く，荒煮の方法には次の二つがあった．

1) 直接加熱法：直接蒸気を牛乳に通じて加熱殺菌する．水蒸気が凝縮するため約15%液容量が増加するが，温度上昇は速い．しかし蒸気中に含まれる不純物を混合する恐れがある．温度70〜80℃，30分の保持である．

2) 間接加熱法：ジャケットによる加熱のため温度上昇が遅く長時間を要し，熱効率が悪いが，清潔に殺菌できる．

3) 冷却：濃縮後の練乳をクーラー缶に流し込み，5時間かけて水温と同じ13℃まで冷却する．

4) AL（accumulated）の添加：粘度上昇，乳糖の粗大結晶を防ぎ長期保存が可能な製品とするためAL（再製品）3%の添加を行う．

牛乳を1/2に濃縮することによって乳糖の浸透圧を増加させ，水分活性（A_w）を下げることができるが，濃縮のみで保存性を増すことは困難である．そこで砂糖を加え（濃縮乳の水分62.5%），A_wを0.61以下にし，その浸透圧を高め耐乾性カビや耐浸透圧性酵母による変質を防止するのである．

1970年代まで，加糖練乳は真空釜（vacuum pan）を用い，牛乳と砂糖の混合液を回分式で煮詰めて製造していた．1980年代に入り，粘度が上昇し

ないために練乳製造には不適とされていた多重効用缶を用いて練乳が製造できるようになった．最近の加糖練乳の製造において，第一工程となるのは牛乳の標準化である．標準化の後の濃縮には次の3方法がある．

 1) 標準化した牛乳に砂糖を加え，真空下で一定固形率になるまで煮詰める．砂糖は75℃前後の低い温度で予熱を行ってから添加する．この方法は粘度の安定性に少し欠けるが，あまり褐変しない．砂糖は完全に溶解させる．溶解不良になると空気が製品の中に入ってくる．結晶化した砂糖が混入するのを避けるために，濃縮の残りに予熱した砂糖液を入れる．これにより練乳の経時濃厚化を避けることができる．

 2) 標準化した牛乳を85℃以上で予熱し，その中に約60％固形率の殺菌した砂糖液を加えて濃縮する．この方法は，結晶した砂糖を加える方法よりも製造しやすく，たん白質の熱による相互作用を少なくし，粘度の安定性を確保できる．また，熱による異臭（cooked flavor）の少ない製品となる．

 3) 標準化した牛乳に砂糖を加えて混合液とし，真空下で蒸発させる．120℃の熱処理を行うことにより，ホエーたん白質とカゼインの相互作用を最大にする．この方法は，粘度の安定を図り，またカラメル化，メイラード反応による褐変化を事前に促進させる．つまり，保存中に反応が進まないようにするための方法である．ただし，保存中に若干の濃厚化の傾向を示すことがある．

 いずれの方法を用いても，製品粘度は30～40mPa・sの範囲に押さえ，滑らかな組織にする必要がある．均質化を7～10MPaの圧力で行い，製品の粘度を調節する．これは貯蔵中における過度の粘度増加を押さえるためである．製造直後の粘度が60mPa・s以上であると，経時濃厚化とゼラチン化を招くことになる．粘度の調整は消費者にとっても重要である．粘度が高いと容器から加糖練乳を出すのが難しくなるからである．また，製造現場では粘度が高いと輸送または取扱いに不便である．世界的に加糖練乳は水を加えて液状にして使用するので，粘度が高くゼラチン化すると還元乳にするのが困難になる．一方，加糖練乳の粘度が低すぎると乳糖結晶が析出しやすく，空気を取り込むことになる．

 加糖練乳中の乳糖含量は飽和度を超えているので，α乳糖の水和結晶が成

5.5 練乳製造技術

表 5.12 加糖練乳の製造技術発展の歴史[39)-45)]

西暦（和暦）	事　項
1856	アメリカのゲール・ボーデン（Gail Borden），真空下で牛乳を濃縮する技術の特許を取得.
1872（明治 5）	下総種畜場の乳製品主任・井上謙造が，イギリス人教師リチャード・ケイ（Richard Kay）の指導のもと練乳製造用の釜を造る．これは平鍋を改良した二重釜（ジャケット付き）で井上釜と称した.
1882（明治15）	日本各地で平鍋により練乳を造るも失敗を繰り返す.
1896（明治29）	花島兵右衛門，義弟小田川金三博士の指導により新しい真空釜を完成，練乳を造り金鶏印の商標で市販する.
	山口県広瀬の隈猪太郎，独自設計の真空釜で練乳を製造.
1899（明治32）	練乳の関税 4 円 94 銭/斤.
1905（明治38）	練乳輸入品 812 万斤（4,872t），輸入金額 161 万円（現在の金額にして200億円程度），国産品 27 万斤（162t）
1911（明治44）	関税を 5 円 55 銭に引き上げた（これを砂糖戻税という）ので外国品の輸入が減少し，国産練乳が売れるようになる.
1913（大正 2）	37 箇所の乳業者による練乳生産量 292 万斤（販売金額 56.5 万円），輸入量 697 万斤（金額 187.7 万円）
1914（大正 3）	札幌の池田庸夫が根室の山県牧場に池田式の第 1 号真空釜を造る．1927年まで 15 基の真空釜を造り，この分野の名人といわれた.
1916（大正 5）	練乳製造業者 35 のうち，井上釜を用いるもの 18 箇所，真空釜を用いるもの 17 箇所で，真空釜が優れているにもかかわらず小さい工場では井上釜が用いられた.
1925（大正14）	森永製菓，連続式急速循環蒸発缶を輸入.
1928（昭和 3）	真空釜のコイルは伝熱性の良い銅製とし，銅イオンの析出を防ぐためにスズメッキをした.
1930（昭和 5）	酪連（雪印乳業の前身），加糖脱脂練乳を製造．長期保存に耐える製品にするため AL（再製品）を添加.
（以下，雪印乳業）	
1931（昭和 6）	練乳空缶（397g）の自動洗浄殺菌機完成.
1943（昭和18）	アメリカ式冷却機使用.
1945（昭和20）	冷却器としてサニタリー式を使用.
	乳糖結晶の粗大化防止のため冷却機攪拌羽根を改良.
1946（昭和21）	製造工程における増粘防止条件を把握.
1947〜1949	荒煮温度，AL 添加と増粘との関係を研究.
1949（昭和24）	微粉乳糖による種付け（seeding）の最適条件を把握.
1953（昭和28）	クストナー式自動充填機使用サニタリー缶への切替え.
1956（昭和31）	種付けによる乳糖沈澱防止と冷却時間短縮が可能になる.
1957（昭和32）	加糖練乳の真空冷却実施.
1958（昭和33）	無糖練乳製造に 2 重効用缶を使用.
1960（昭和35）	荒煮殺菌法をオープンパンからプレート式熱交換器に変更，75℃，10 分の殺菌となる.
1961（昭和36）	脱脂練乳，全脂練乳，加糖練乳を 2 重効用缶で濃縮するようになる.
1967（昭和42）	大缶練乳の封緘方法をハンダ付からインプラント式に変更.
1976（昭和51）	練乳冷却にプレート式冷却器を用いる.

長しようとする．乳糖は結晶径が25μm以上になると砂状組織になり，欠陥品となる．それで加糖練乳では10μm径の小さい乳糖結晶を種付け（シーディング，seeding）する．種付けでは，乳糖結晶の成長を促進し，10μm以下の乳糖を90%以上とし，最大径を25μm以下にしなければならない．種付けは濃縮作業の後，真空下で冷却して行われる．2段冷却工程がよく使用される．1段目は製品温度を45℃から30℃に下げ，2段目では30℃から17℃に下げる．そこで種付けを行い，乳糖を0.5%の割合で添加する．

加糖練乳製造技術の発展の歴史を表5.12に示す．

5.6 粉乳製造技術

5.6.1 粉乳製造の歴史[44)-46)]

粉乳は20世紀の発明品とされているが，実際には既に13世紀には知られていて，その後忘れ去られていたものである．ベネチアの探検家で商人でもあるマルコ・ポーロ（Marco Polo, 1254~1324年）は，タタールの軍隊が遠征用に牛乳を乾燥して保存していたことを報告している．その方法は，まず最初に牛乳を沸騰させ，表面に浮いたクリームをすくい取る．これはバターにする．その残り（脱脂乳）を天日で乾かした．この乾燥物を約10ポンド（4.53kg），旅に出る時に携帯し，毎朝半ポンド（227g）を取り出し，ひょうたんの形をした小さな皮袋に入れ，好みの分量の水を加える．そうすると，馬に乗っている間に皮袋の中の乾燥牛乳が溶けて牛乳になるとのことである．

1809年，フランスのニコラ・アペール（Nicolas Appert）は乳餅（にゅうべい）状（dough consistency）にした濃縮乳を空気で乾燥させ，錠剤にする方法を考案した．1855年，イギリスのグリムウェド（Grimwade）は炭酸ソーダと砂糖を加えた高固形濃縮乳から棚式乾燥法で粉乳を造る方法で特許を得ている．1872年，アメリカのサミュエル・パーシー（Samuel Percy）が噴霧式乾燥法の特許を得た．しかし，この方法による粉乳製造が実用化したのは20世紀に入ってからである．

わが国における粉乳製造がいつから始まったか明確でないが，千葉県の日本コナミルクが最も古く，1916年（大正5年）に始まったとされている．そ

の他,山形県の日本製乳㈱,静岡県の志太煉乳㈱が1910年代から粉乳製造を行っていたが,いずれも乳餅式によるもので品質は良くなかった.1920年(大正9年),森永製菓㈱はアメリカのバフロバック(Buflovak)型円筒式乾燥機を輸入し,粉乳を製造した[44].これが,わが国おける粉乳の大量生産の始まりである.しかし,その溶解性は必ずしも良くはなかった.1924年(大正13年),山形県の上山煉乳販売組合は乳餅式加糖粉乳の製造を行った.この粉乳も溶解性が悪く,当時の内務省から子供の栄養品として不適当であると販売禁止命令が出て,鶏の餌にするより方法がなかったという.当時,北海道大学畜産学科の宮脇教授は色々な粉乳を集め,溶解試験を行ったところ,"Klim(クリム)"という粉乳が最も結果が良かった.この粉乳はメーレル・スール(Merrell-Soule)という会社で造られたものであった.MerrellとSouleは兄弟で,兄のMerrellは技術者,弟のSouleは資本家という組合せであった.この会社は自社で噴霧式乾燥機を製造し,粉乳を製造販売していた.宮脇教授は大日本製乳㈱の依頼を受け,メーレル・スール社と折衝し,1924年,この乾燥機を約5万円で輸入した.大日本製乳はこの乾燥機で"金太郎コナミルク"という非常に溶解性の良い粉乳を造り,好評を博した.この乾燥機はその後,明治製菓,極東煉乳,明治乳業,興農公社,雪印乳業と移り,1951年まで27年間も使用された.

1950年代まで加糖粉乳と全脂粉乳が造られていたが,1958年頃から加糖粉乳は製造されなくなり,代わって脱脂粉乳が造られるようになった.脱脂粉乳は主として業務用として使われている.殺菌温度の違いにより3種類の脱脂粉乳があり(表5.13,図5.29),それぞれ用途が異なっている.

表5.13 脱脂粉乳の用途

Low heat (低熱粉)	還元乳,アイスクリーム,発酵乳,育児用スープ,乳酸発酵用スターター
Medium heat (中熱粉)	アイスクリーム,キャンデー,乾燥ミックス,パン用,フローズンデザート,スープソース,サラダドレッシング,スナック食品,肉製品用
High heat (高熱粉)	アイスクリーム,パン用,乾燥ミックス,肉製品用

資料:AMDI(アメリカ粉乳協会)

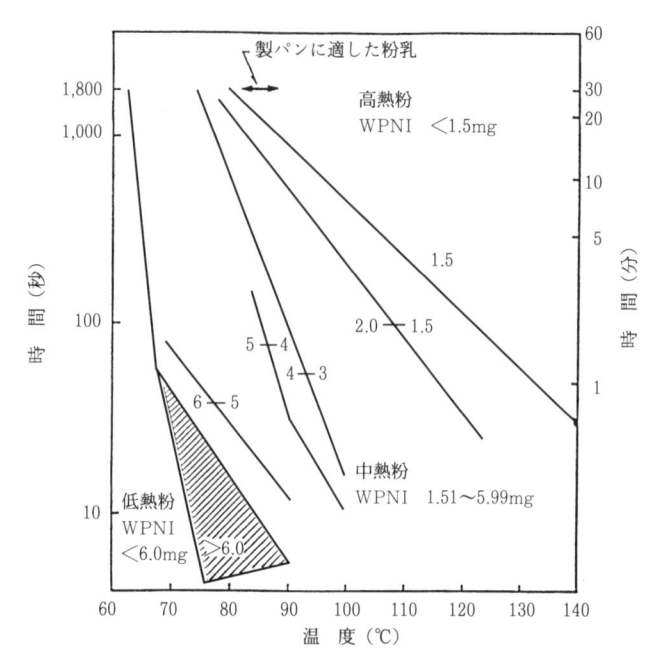

図 5.29　殺菌時間と WPNI (whey protein nitrogen index, 未変性たん白態窒素係数) との関係[48]

5.6.2　育児用粉乳

育児用乳製品として，練乳が昭和初期まで使われていた．しかし，これは砂糖の含有量が多く，乳児は胃腸障害を起こしやすく栄養的に不向きであった．大正初期 (1911年) より昭和初期 (1926年) に至るまで，乳児の死亡率は図 5.30 に示すように 12～17% に及び，出生児の 6～8 人に 1 人は死亡するということになる．大正後期から昭和初期にかけて育児用粉乳の国産化が始まったが，主として全脂粉乳，加糖粉乳であったのでビタミンやミネラルなどの不足を補う必要があり，やがてそのような成分を添加した粉乳が造られるようになった．1941 年 (昭和 16 年) に始まった第二次世界大戦により原料牛乳が不足し，育児用粉乳は配給制となった．また，少ない牛乳を多くの乳児に供給するために添加物の多い粉乳を製造した．戦後，自由競争の時代に入ると，育児用粉乳はその製造技術の進歩と共に品質改良が急テンポに進み，

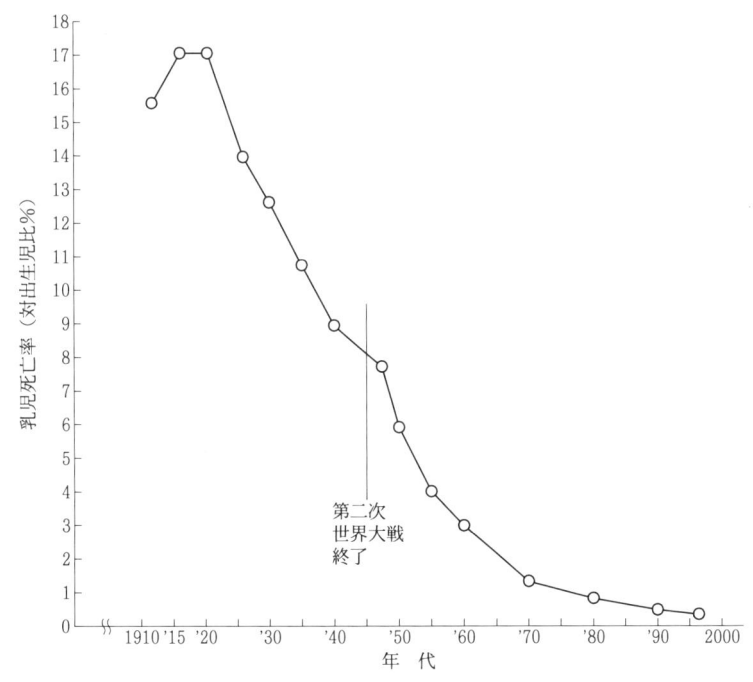

図 5.30 乳児死亡率の変遷（1913〜1996 年）
資料：総務統計局編，第 48 回日本統計年鑑（1999）

その品質は世界的水準に達した．

現在，医学，栄養学，生化学，分析化学の進歩により，育児用粉乳の質的な面での向上は著しく，人工母乳と言われるほど母乳に近似した組成になった．最近は保健衛生の向上と育児粉乳の質的向上により，乳児死亡率は 0.38％（1996 年）と限りなく 0 に近い数値まで減少した．乳加工技術としての育児用粉乳の開発は，人乳の組成研究からスタートしている．牛乳と人乳のミネラルとカゼインの含有量を比較すると，牛乳の方が，前者は 3.5 倍，後者は 5 倍も高い．そこでミネラルは，1960 年代はイオン交換樹脂法で，1980 年代に入ると電気透析法で除去した．また，人乳はホエーたん白質（アルブミン，グロブリン）が多いため，限外沪過法でチーズホエーより分画したホエーたん白を添加して組成を調整し育児用粉乳としている．人乳は乳糖含量が多いので乳糖も添加している．さらにミネラルなど各微量成分も限りなく人乳

に近づけている.

以下に,年代によって製品がどのように変化したかを要約する.

1950〜1952年:調製粉乳は新しい規格により造られ,加糖粉乳は姿を消した.ビタミンが添加されるようになった.

1953〜1959年:乳糖の添加により,腸内にビフィズス菌が増殖するように企てられた.またソフトカード化も実施された.

1960〜1965年:特殊調製粉乳の規格が定められた.これに従いたん白質や脂肪含量の改変が進められた.乳業各社が代表的調製粉乳を販売するようになった.

1966〜1974年:たん白質,ミネラルなどの含有量が減少された.粉乳だけで調乳し(単品調乳),育児全期間を通じて15%という同一の調乳濃度(単一調乳処方)の育児用粉乳となった.

1975〜1978年:日本人の栄養所要量が改定された.調乳したたん白質濃度が1.8〜1.85g/100mlに減少した.従来添加されていたショ糖から乳糖に変えられた.

1979〜1983年:調製粉乳の規格が改められたが,その成分組成に大きな変化はなかった.ただし,エネルギー,たん白質,ミネラルなどは減少の方向をとった.

1984〜1990年:亜鉛,銅,タウリンなどの添加が行われた.

1991年以降:表5.14に最近の各社の調製粉乳成分の一覧を示す.微量成分に多少の違いはあるが,各社ともその組成にほとんど差がなくなっている.

5.6.3 ホエー粉

チーズおよびカゼイン製造の際に副産物としてホエー(whey,乳清ともいう)を生ずる.世界のホエー生産量はチーズ生産量の増加と共に増え5,300万tとなっている(1999年).このうち,アメリカ3,300万t,ニュージーランド500万t,カナダ300万t,オーストラリア300万t,その他の国で900万tが発生している.これらのホエーは,乳牛用飼料,ホエー粉(whey powder),乳糖などとして利用されるが,小規模工場ではコストがかかるので廃棄する

表5.14 母乳と各社の育児用粉乳の組成（調乳液100ml中, 2000年9月現在）

	ヌクレオチド (mg)	たん白質 総量 (g)	脂肪(g) 牛乳脂肪	脂肪(g) 置換脂肪	糖質(g) 乳糖	糖質(g) その他の糖質	ミネラル 総量 (g)	ミネラル Na (mg)	腎溶質負荷*6 (mOsm/100ml)	エネルギー (kcal)	濃度 (%)
母　　乳*1	1.2〜4.8*3	1.1		3.5*5	7.2	—	0.2	15	10.1	65	—
SMA S-26 Baby*2	2.5	1.5		3.6	7.1	—	0.27	15	12.8	67	12.7
ミルクA*2	—	1.64	0.4	3.1	6.8	0.4	0.30	21	14.8	67	13
ミルクB*2	—	1.61	0.4	3.2	6.7	0.5	0.31	18	13.9	67	13
ミルクC*2	2.0*4	1.64	0.3	3.2	7.1	1.0	0.31	20	14.6	70	14
ミルクD*2	0.78	1.60	0.4	3.2	6.9	0.3	0.29	20	14.1	67	13

*1 科学技術庁資源調査会資料.
*2 各社パンフレット資料.
*3 Cosgrove, M., D. P. Davies and H. R. Jenkins : *Arch. Dis. Child.*, **74**, F122-F125 (1996)
*4 核酸関連物質として2.0mg/100ml含有.
*5 母乳脂肪.
*6 腎溶質負荷計算式 : Reanal Solute Load (mOsm/100ml)＝[{たん白質(mg)÷(6.25×14×2)}＋2(Na＋K)(mEq)]/100ml.

注1：ヌクレオチド：①母乳のように免疫力を高め感染症から乳児を守る，②DHAを増やす，③腸を丈夫にし栄養の吸収を高める，④アレルギー予防.
　2：脂肪：牛乳脂肪は消化吸収が悪いので植物脂肪に置換し，下痢や吐き戻しを起こしにくくする.
　3：乳糖：母乳と同じく乳糖を100％としビフィズス菌を増やし，乳児の便性を母乳と同じようにする.
　4：ミネラル：母乳と同量または近い量のためミルク太りの心配がなく，母乳育ちのように締まった体になる.

資料：SMA社提供（2000年）

所が多かった．しかし最近，環境問題や膜利用技術の発達により回収率が高まってきた．現在，世界のホエー粉の生産量は130万tで，その内訳はアメリカ54万t，オーストラリア，ニュージーランド，アルゼンチン，カナダなどが，それぞれ15万tとなっている．日本のホエーはチーズ生産量が少ないので約2万tと少なく，ほとんど自家用（育児用粉乳への利用）として使用されていると考えられる．

表5.15 チェダーチーズホエーの組成（％）

脂　　　　肪	0.3
た　ん　白　質	0.8
非たん白態窒素	0.2
乳　　　　糖	4.8
灰　　　　分	0.6
全　固　形　率	6.7

ホエーの組成としては表5.15に示すように約93％が水分である．残り約7％の固形分中72％が乳糖で，たん白質は12％であり，その他16％は脂肪と灰分などである．限外沪過法で高分子画分（たん白質）と低分子画分（乳糖）

とに分け,逆浸透法でそれぞれ濃縮した後,蒸発缶と乾燥機によって粉にする.たん白質は主としてアルブミン,グロブリンから成る良質の水溶性たん白質である.このたん白質濃度の違いにより,いろいろのホエー粉製品が存在する.一般にホエー粉の用途としては,育児用 22％,食肉用 18％,栄養品用 10％,その他 50％ となっている.その機能特性には乳化安定性,消化性,保水性などがある.例えば水産練り製品にホエー粉を利用すると澱粉(でんぷん)の老化を防ぎ,新しい食感を持ったカニ足かまぼこやホタテイミテーションを造ることができる.また,ソバのシコシコ性の強化も可能である.ホエーのたん白質のゲル化速度は,たん白質濃度,加熱温度,反応時間などの因子でモデル化することができる.

5.6.4 インスタント粉乳(Instant Milk Powder,易溶化粉乳)[47),48)]

噴霧乾燥によって製造された粉乳の粒子径は,微粒化方法,濃縮固形率などにより変動するが,一般に 10〜120 μm に分布している.このうち 10〜20 μm の小粒子は水に溶解した場合ママコになり,不溶性となりやすい.1936 年,アメリカのピーブル(D.Peeble)は粉乳の非結晶性と結晶性の関係に対する造粒方法の影響について解明し,粉乳の易溶化のためのインスタンタイザー(Instantizer)(図 5.31)を開発し特許を得た.1955 年,アメリカでは乳業各社が造粒した脱脂粉乳を販売し始めた.1959 年,日本では雪印乳業㈱がアメリカのチェリーバレル社(Cherry Burrell,以下 CB 社と略)とブローノックス社(Blaw-Knox,以下 BK 社と略)のインスタンタイザー(図 5.32,図 5.33)を輸入し,インスタントスキムミルクの製造,販売を開始した.BK 社による製品は CB 社のものに比べ粒径が小さく,造粒強度が弱いために輸送中に破砕して粒径が小さくなるという欠点があり,間もなく使用されなくなった.一方,

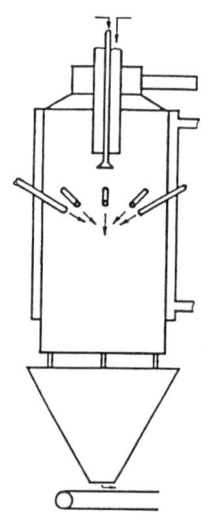

図 5.31 ピーブルのインスタンタイザー

5.6 粉乳製造技術

図5.32 チェリーバレル・インスタンタイザー（雪印乳業）[45]

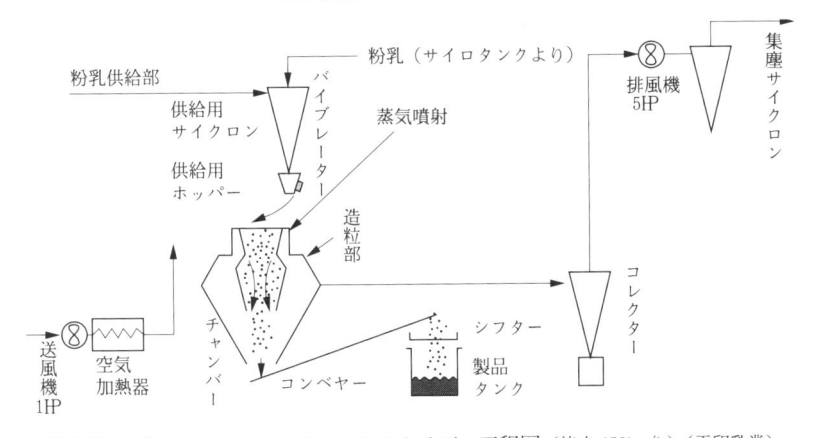

図5.33 ブローノックス・インスタンタイザー工程図（能力450kg/h）（雪印乳業）

CB社のものはARCS（aggromalation, redrying, cooling, sizing＝造粒，再乾燥，冷却，ふるい分け）システムと称し，高速気流（30m/s）で粉乳に約7％の水分（水蒸気）を噴射して加湿すると，粉乳表面の濡れたところで粒子同士が付着し，粒子径を大きくする方法をとっている．その平均粒子径は200μm前後と大きく，造粒強度も高く輸送中に粒子が微細化することがなく，水への見かけの溶解度は極めて優れている．

このようにして造られたインスタントスキムミルクは，ピーク時の1965～1970年には約7,000tの生産量があったが，最近は停滞，減少傾向にある．

1980年代後半に至り，デンマークのニロ（Niro）社で噴霧乾燥機に流動層を併用したワンパス（one pass）造粒方式を完成させた．これは多少水分の多い状態の粉乳を流動層で流動化させながら水蒸気加湿により造粒し，次段の流動層で再乾燥する方式である．最近のインスタントスキムミルクは熱の掛かり方が少ないため，新鮮味があって風味が良く，溶解性も非常に良くなっている．これは良質なたん白質を持っているので健康食品としても最適である．

5.7　ヨーグルトの製造技術[49)-51)]

　ヨーグルトは殺菌した牛乳に純粋培養した乳酸菌（1種または2種）を接種し，増殖させて造る発酵凝固乳である．

　ヨーグルトはブルガリア地方の呼び名で，昔から「牛乳を発酵乳の同じ容器に入れて放置する」，「発酵乳中へ牛乳を注ぎ足す」などして自然に乳酸発酵を起こさせて凝乳として飲用する習慣があった．こうして出来た発酵乳の特性はその地域の気候・風土を反映しており，スカンジナビア諸国では中温性の乳酸菌が，バルカン諸国では高温性乳酸菌が使用され，コーカサス地方では酵母と乳酸菌の組合せによる発酵乳となった．東欧諸国（セルビア，ブルガリア，ルーマニア）において，昔から栄養食品，嗜好食品または薬用食品として親しまれてきた．発酵乳の効用について，ロシアの生物学者メチニコフ（Metchnikoff，後にフランスに帰化，1846～1916年）は，この地方に100歳以上の高齢者が多いことに着目し，その飲食物を調査し，次のような学説を展開した．すなわち「ブルガリア人に長寿者が多いのは，いつも乳酸発酵乳を飲用しているためである．もともと腸内には各種の不良な細菌が繁殖していて，これが毒素を産生し，身体各器官の老化を促進している．乳酸菌を常時飲用すれば腸内の腐敗菌を抑え，有用菌の作用を促進させて腸の正常化を図るために寿命が延びた」としている．メチニコフはブルガリア人の用いる酸乳から1種の乳酸桿菌を分離し，これにブルガリア桿菌（*Lactobacillus bulgaricus*）と命名した．今日，市販のヨーグルトはブルガリア桿菌のほかに乳酸連鎖球菌（*Strep-tococcus thermophilus*）などを適宜混合し培養しているもの

が多い．これら乳酸菌の配合の違いにより製品の風味に差が生じる．

ヨーグルトは色々な国で様々な名前で呼ばれていた．エジプトのレーベン (leben)，コーカサス地方のクミス (kumiss)，南アフリカのオメイル，ロシアのケフィール (kefir)，トルコのヤールト (yaorut)，バルカン半島のキセロ (kiselo)，アルメニアのマズン (mazun)，セルビアのギオズー (gioddu)，スカンジナビアの長期保存可能乳 (longmilch) などである．これらはいずれも乳中に含まれる乳糖の発酵により，酸性を生じ，半凝固または凝固状態になっている．例えば，ケフィールの語源は「佳味」，「芳香」の意味をもつ．これは爽快な酸味とアルコール発酵による味とが渾然一体となった遊牧民の嗜好品である．特に消化性がよく，栄養に富むので，この地域の住民の基本的食品ともなっている．

発酵乳の発展の歴史を表 5.16 に示す．

ハウザー（アメリカの栄養学者，1950年代に活躍）はその著書の中で，「寿命を延ばすためには粉末ビール酵母，ヨーグルト，麦芽，糖蜜の四つを毎日食べることだ．このなかでヨーグルトは長寿食の要である．ブルガリア人の食事は栄養的に優れたものではないが，毎食必ずヨーグルトを食べる (30kg/人・年) から世界一の寿命になったのだ」と述べている．この学説の発表があった後，ヨーグルトの売れ行きは世界的に伸び始めた．

日本でヨーグルトが工業的に生産されたのは 1950年（昭和 25 年）で，砂糖，寒天，香料入りのハードタイプである．本格的な消費が始まったのは 1970年（昭和 45 年）以降であり，高々 30 年の歴史である．その間，食生活の洋風化，人々の健康志向の高まりと共にその生産量は驚異的に増え続けている．表 5.17 に示すように，1975年（昭和 50 年）に約 15 万 kl であったものが，2000年（平成 12 年）には約 83 万 kl となり，この 25 年間に生産量は 5.5 倍になっている．21 世紀においてもこの傾向は続くものと考えられる．

ヨーグルトには，ハードタイプ，ソフトタイプ，ドリンクタイプ，プレーンタイプ，フローズンタイプの 5 種類があるが，それぞれのタイプの内容は次のようになっている．

1) ハードタイプ

蜂蜜入り，果汁入り，カスタード，プリン，チーズなどの風味を付けたも

表 5.16 発酵乳の発展の歴史

西暦（和暦）	事　項
1894（明治 28）	残乳処理の一環としてヨーグルト様凝乳整腸剤を発売（日本）
1904	メチニコフ（Metchnikoff）が『人生および長寿論』という本を刊行，ブルガリア乳酸菌と長寿との関係を力説．
1908（明治 41）	輸入スターターを用いた本格的ヨーグルトの製造が始まる（日本）．
1913（大正 2）	東京の坂川牛乳店が"ケフィール"を売り出す．
1920（大正 9）	東京，大阪の有力牛乳店，フランスより輸入した乳酸菌を用いてヨーグルトを造り，販売する．
1923（大正 12）	三島海雲，脱脂乳に砂糖を加え1日放置したところ美味しい味となる．これは加糖酸乳飲料（カルピス）として販売される．
1929（昭和 4）	森永製菓，東京製乳研究所が殺菌乳酸菌飲料として，それぞれ"コーラス"，"ラクミン"を発売．
1930（昭和 5）	代田博士，アシドフィルス菌株の分離に成功．
1935（昭和 10）	代田博士の菌を使用した乳酸菌飲料を"ヤクルト"と称し，福岡市で発売される．
1938（昭和 13）	北海道興農公社（雪印乳業の前身），乳酸菌飲料"活素（カツモト）"を発売．
1943（昭和 18）	北海道興農公社，乳酸菌飲料"プルゲン"を発売．
1947	フランスのダノン社（創立者ダニエル・カラッソ），ヨーグルトにイチゴジャムを入れる．
1950（昭和 25）	ハードタイプヨーグルトが日本で初めて発売される．
1956～1959	ミルトン，ハイカップ，マイラック，カルピスなどフルーツ入り発酵乳が発売される．
1965（昭和 40）	液状ヨーグルトが開発される．
1970（昭和 45）	発酵乳カードを均質機で微細化し，甘味料，果汁を加えたドリンクタイプヨーグルトを発売．
1971（昭和 46）	明治ブルガリア，雪印ナチュレ，森永ビヒダスなどのプレーンヨーグルトが発売される．
1975（昭和 50）	健康食品ブームでプレーンヨーグルトの消費量が発売（1971年）以来7倍に伸びる．
1979（昭和 54）	凍結状態にしたフローズンタイプヨーグルトを発売．

表 5.17 発酵乳の年度別生産量

年　度	生産量（kl）
1975	149,293
1980	248,333
1985	328,389
1990	469,873
1995	638,580
2000	830,955

の，糖含量を減らしたもの，カルシウムを強化したものなどがある．

2）ソフトタイプ

果肉類，フルーツソース，栗，小豆，ゼリーなどを入れたものがある．

3）ドリンクタイプ

アスパルテーム，カップリングシュガー，食

物繊維などを入れたもの，ビタミンE，オリゴ糖などを添加したもの，カルシウム，鉄分などを強化したものがある．

4） プレーンタイプ

脂肪率4％，8％のもの，ジャージー乳使用のもの，ビフィズス菌，アシドフィルス菌などを使用したものがある．

5） フローズンタイプ

プレーンのものと各種フルーツを入れたものがある．

5.8　カゼインの製造技術[52]

B.C.2000～B.C.3000年，エジプト，ギリシャ，ローマ，中国において，カゼインが家具，棺，美術工芸品などに接着剤として使用されていた．その後，カゼインは世界の酪農国の製酪所において副産物として造られてきた．脱脂乳は食品・飼料としたが，夏期の乳量豊富な2～3か月に，余剰乳処理法としてカゼインが製造されていた．このように季節的に偏って生産されていたため，価格が変動し，製造方法の改良もあまりなされず，品質も不均一だった．

わが国にカゼインが初めて輸入されたのは1916年（大正5年）で，三井物産㈱によってなされた．当時カゼインは，福井県や岐阜県などにおいて織物加工糊料として絹紬（きぬつむぎ）の製織にゼラチンと併用したり，浅野木工所，森薄板製造所，日本プライウッド㈱などにおいて木材接着剤の代用として使われていた．木工用接着剤としては，それまで膠（にかわ）が使われていたが，耐水性，接着力などの点で優れているカゼインは大手合板メーカーの求めるところとなり，1919年（大正8年）頃から普及し始めた．1922年（大正11年），富士製紙㈱がコーティングマシンを導入しアート紙の製造に着手したことにより，コーティング剤としての用途が開けた．その後，農薬用展着剤，可塑製品用原料などの用途も開け，ますますカゼインの輸入量は増加していった．

1930年（昭和5年），酪連（北海道製酪販売組合連合会，雪印乳業の前身）は，バターの製造コストを下げる目的で脱脂乳からカゼインを製造することを始

めた．脱脂乳を用いたカゼイン製造方式は次のようなものであった．

1) 塩酸を凝固剤とした粒状カード法（grain curd method, アメリカ農務省考案）

凝乳カードの大きさを均一な穀粒（grain）程度にする．このようなカード粒は適度な硬度と弾力をもち，団子状になりにくい性質をもっている．この性質によって，数回の洗浄で水溶性の不要成分を除去することができ，低灰分のカゼインの製造が可能となった．

2) レンネットによる凝固法

この方法の要点は，新鮮（低酸度）で低脂肪率（0.02％）の脱脂乳を確保することである．酸度が高く，脂肪率が0.02％以上の脱脂乳を使うとカードが柔らかく，団子状になり洗浄が困難で，カゼインの歩留りが低下する．

以上の2方法ともカードメーキングまではチーズ製造と同じであるが，圧搾終了後の生カードの乾燥に苦労があった．経験も情報もなく，まさに試行錯誤で問題の解決を図ったという．乾燥方法の変遷は次のようである．

天日乾燥→レトルト→乾燥室→トンネル乾燥→連続乾燥→小判状縦型乾燥

このような変遷を経て，ようやく工業的にカゼインが製造されるようになった．1943年（昭和18年），太平洋戦争の最中，戦闘航空機用のアルミニウムの不足により次第に金属製航空機が造れなくなり，代わって木製飛行機を製作しようという案が検討され，木材に対して優れた接着力を示すカゼイン糊がにわかにクローズアップされた．政府の命を受けた酪連は，国産独立10か年計画，時局対策3か年計画などによりカゼインの増産体制を敷き，1944年（昭和19年）には前年の2.6倍，1,200tのカゼインを生産した．しかし1945年8月の敗戦より全てが一変する．敗戦後，カゼインは進駐軍向け宿舎用合板接着剤（酸カゼイン）印材，ボタンなどの可塑製品（レンネットカゼイン），カゼイン石灰（酸カゼイン）などに使われた．しかし，国産カゼインは格安な輸入カゼインにコスト面で太刀打ちできなくなり，ついに1954年（昭和29年）620kgの生産量をもって製造打切りとなった．現在，日本には約20,000tのカゼインが主としてニュージーランドより輸入され，コーティング剤，展着剤など各種用途に使用されている．

参 考 文 献

1) Lampert, L. M. : Modern Dairy Products, Chemical Publishing Co., Inc. (1965)
2) 十河一三：大日本牛乳史，牛乳新聞社（1934）
3) 中江利孝：化学と生物，**9**, No.9（1971）
4) 津野慶太郎：牛乳衛生警察，長隆舎書店（1909）
5) 明治乳業：明治乳業50年史（1969）
6) 松尾幹之：ミルクロード，日本経済評論社（1986）
7) 津野慶太郎：現代の乳業，長隆舎書店（1915）
8) 土屋文安：牛乳の秘密，ハート出版（1994）
9) 藤田重光：製乳技術，製乳技術研究会，北海道酪農協同㈱（1948）
10) Alpura, A. G. : Schweiz. Patent Nr.284061.
11) Urisina, S. A. : British Patent Nr.674695.
12) Brown, A. H. *et al.* : Rapid Heat Processing of Fluid Foods by Steam Injection, *J. Dairy Sci.* **27**, 130 (1944)
13) Reagez, W. : Milk Industry Foundation Convenction Processing, 55th Annual Convenction, Atlantic City, New Jersey, October (1962)
14) Havighorst, C. R. : Aseptic Canning in Action, *Food Industry*, **7**, 72-74 (1951)
15) Blloomberg, R. *et al.* : Canned fresh milk now a reality, *Food Engineering*, **23**, 71-74 (1951)
16) 本多芳彦：横型回転リアクタの特性とその利用に関する研究，室蘭工業大学博士論文（1993）
17) Hunziker, O. F. : The Butter Industry, La Grange, Illinois, U. S. A. (1928)
18) 林　弘通：食品加工技術の歴史と発展，バター製造技術，食品機械，1月（1994）
19) 斎藤道雄：乳と乳製品の物理学，地球出版（1955）
20) 半沢啓二：技術史（バター編），雪印乳業（1978）
21) 吉岡八洲男：乳業技術綜典，林　弘通監修，酪農技術普及学会（1977）
22) Davis, J. G. : Cheese, J. A. Churchill Ltd. (1965), 田中賢一訳：雪印乳業技術研究会（1973）
23) Scott, R. : Cheese Making Practice, Applied Science Publishers Ltd., London (1981), 岡田邦久，椿　真寿訳：チーズ，雪印乳業技術研究会（1986）
24) ヴィン・ステートン，北濃秋子訳：食品の研究，晶文社（1995）
25) Kosikowski, F. V. : Cheese and Fermented Milk Foods (1982), 山寺聖志，遠藤敏明訳：雪印乳業技術研究会（1984）
26) 三野和雄：チーズ技術史，雪印乳業（1985）
27) 日本国際酪農連盟：世界のチーズ市場，2000年．
28) 白石敏夫：食品と技術，11月（1991）
29) あいすくりーむ物語，日本アイスクリーム協会（1986）

30) Streett, F. R. : The king's ice cream, 光吉夏弥訳:大日本図書 (1978)
31) Farral, A. W. : Dairy Engineering, John Wiley & Sons, Inc. (1943)
32) ハーゲンダッツ社ホームページ.
33) Arbucle, W. S. : Ice Cream, 4th Ed., Avi Publishing Co., Inc., Westport (1995)
34) Tracy, P. H. and L. A. Raffeto : The Ice Cream Industry, John Wiley & Sons, Inc. (1947)
35) Fouts, E. L. : Dairy Manufacturing Process, John Wiley & Sons, Inc. (1948)
36) Turnbow, et al. : Ice Cream Industry, John Wiley & Sons, Inc. (1949)
37) 半沢啓二編:アイスクリームハンドブック,光琳書院 (1972)
38) Alfa-Laval A. B. : Dairy Hand Book (1980)
39) 林 弘通:練粉乳製造技術史,乳技術資料,No.75,雪印乳業技術研究会 (1975)
40) Hunziker, O. F. : Condensed Milk and Milk Powder, 1st Ed., La Grange, Illinois, U.S.A. (1914)
41) Hunziker, O. F. : Condensed Milk and Milk Powder, 7th Ed., La Grange, Illinois, U.S.A. (1949)
42) 神田八郎:煉乳および粉乳,育英社 (1937)
43) Miyawaki, A. : Condensed Milk, John Wiley & Sons, Inc. (1928)
44) 井門和夫:練乳技術史,雪印乳業 (1995)
45) 林 弘通:粉乳製造工学,実業図書 (1980)
46) Hall, C. W. and T. I. Hedrick : Drying Milk and Milk Products, Avi Publishing Co., Inc. (1966)
47) Westergaard, V. : Milk Powder Technology, Evaporation and Spray Drying, Niro A/S (1996)
48) Early, R. : The Technology of Dairy Products, Blackie Academic & Professional (1998)
49) 岡田猛馬(北辰社):ヨーグルト製造法,長隆舎書店 (1915)
50) 神邊道雄,折居直樹:乳技協資料,Vol.40 (1990)
51) 鈴木英毅:乳技協資料,Vol.43 (1993)
52) 井門和夫:カゼイン,乳糖技術史,雪印乳業 (1993)

6. 乳業の将来とまとめ

　今日わが国における乳業技術は，欧米の水準あるいはそれ以上といわれるようになった．これは戦後，各乳業メーカーが積極的に欧米の情報を入手，分析し，生産性と品質を高めるための装置の導入を図り，それと平行して国産機の開発と改良を行ったことによると考えられる．しかし最近，日本経済の成長の停滞に伴い，乳業の成長も停滞している．20世紀も終わり，21世紀の初めに当たって，乳業の将来はいかにあるべきかを次に展望したい．

6.1　酪農問題

　日本の酪農，乳業は国際競争から隔離された，いわゆるクローズドシステムのもとで，不足払い制度*による保護によって発展を遂げてきた．その結果，宿命的課題として原料乳価格が他の国と比べ高いということがある．これは酪農を経営するための肥料，飼料などの資材や機械類など，すべてのものの価格が高いためであろう．国際競争力をつけるためには，できるだけ原料乳価を下げる方向で努力しなければならない．しかし，この問題は物価と

---

*　不足払い制度は1966年（昭和41年）4月1日より施行され，次の三つの措置よりなる．
　⑴加工乳原料についての不足払い，⑵乳製品の買入れ，売渡し，⑶乳製品輸入の一元化．
　昭和30年代乳製品原料乳価格と飲用原料乳価格との間に10〜20円/kg（例，1994年乳生産費北海道，67円，本州，88円）の価格差があった．当時北海道は主として乳製品を製造し，本州では飲用乳として利用されていた．したがって本州の酪農家は北海道の酪農家より高乳価で取引できた．これに不服を持った北海道の酪農家は本州に飲用乳として出荷し，飲用乳としての乳価を要求した．これを本州の酪農家は阻止しようとし，所謂，酪農家の南北戦争といわれる乳価競争が発生した．これに対し政府は不足払い制度を作り，飲用乳価と乳製品用原料乳価との差額を補給金として，乳製品用原料乳を出している酪農家に与えたのである．この制度は2001年度から廃止し，生産者団体と乳業メーカーが数量や価格を個別の相対取引で決定する方式に移行することになった．価格決定に市場原理が導入される一方で，生産者の所得を確保するための経営安定策を実施すること，すなわち，国は加工原料乳の限度数量に応じた定額補給金を生産者に直接支払うこととなった．

の関連があり容易に解決できることではない.

ちなみに,世界の生産者乳価を表4.9 (p.52) に示したが,これを見ると,日本は世界一高乳価で,最も安い国の約3倍となっている.日本の酪農家は毎年2,000戸が離農しており,35,000戸 (1999年) を切ろうとしている[1),2)].また,生乳生産量も1996年 (平成8年) の869万tをピークに前年比97％で漸減している.これは乳価が世界的に高くても酪農経営の維持が難しく,非常に厳しい時代に突入したことを暗示している.今後,乳価を国際水準まで引き下げながら日本酪農を維持し,生乳生産量を800万t台 (1999年814万t) から増加させることができるかが課題となる.もちろん,この数値は消費量と密接な関係があり,消費水準をさらに上げる努力が必要であろう.

6.2 乳業工場の生産性

日本の飲用乳,乳製品の工場数の変遷を1970年から1998年まで見てみると表6.1のようになる.飲用乳工場数は,この間に37％減少しているが,乳製品工場数は逆に15％増加し,時代の流れと逆行している.特に年間処理量744t以下の小規模工場が1.3倍に増えている.これらの工場は主としてアイスクリーム,チーズなどの工場で,個人経営が多く経営基盤は不安定なものが多い.744t以下の工場のうち,飲用乳工場の割合は50％,乳製品工場で43％を占め,きわめて処理乳量が少ない.また,飲用乳工場の稼動

表6.1 日本の飲用乳,乳製品工場の変遷

年間処理量 (t)	飲用乳工場			乳製品工場		
	1970年 工場数	1998年 工場数	減少率 (％)	1970年 工場数	1998年 工場数	減少率 (％)
744以下	614	356	42	18	42	+133
744〜1,488	95	56	41	1	4	+300
1,488〜3,720	90	55	39	6	5	17
3,720〜7,440	78	61	22	7	5	29
7,440〜14,880	93	75	19	10	5	50
14,880以上	64	103	+64	42	36	14
合　計	1,118	706	37	84	97	+15

資料：牛乳,乳製品統計,農水省統計部 (平成10年)

6.2 乳業工場の生産性

表6.2 世界の乳業上位10社

会 社 名	国 名	受入乳量 (万t)
1. デイリー・ファーマーズ・オブ・アメリカ	アメリカ	1,480
2. ネスレ	国際	1,200
3. アルラ・フーズ	EU（デンマーク/スウェーデン）	710
4. グループ・ラクティリス	EU（フランス）	660
5. フリーズランド・コベルコ	EU（オランダ）	590
6. ニュージーランド・デイリー・グループ	ニュージーランド	550
7. ランド・オ・レイク	アメリカ	540
8. 雪印乳業	日本	500
9. カルフォルニア・ミルク・プロデュサーズ	アメリカ	480
10. カルピナ・メルクーニ	EU（オランダ）	470

注：クラフトは世界最大の乳業会社であるが，受入乳量が公表されていないので記載していない．
資料：日本国際酪農連盟，JID広報，No.35（2001）

率は大手乳業で約70％，中小乳業では約50％といわれている．このように小規模で稼動率が低いことは，結果として処理コストが国際的にかなり高い原因となっている．

世界の乳業を見ると，メーカーの買収，合併が次々と行われている[3]．

表6.2に受入乳量を基礎にした世界の乳業会社の上位10社を示す．

(1) オランダ

数社あった企業が合併し，巨大な乳量を扱う1社のみとなった．結果として，スイスの乳業メーカーと比較すると，処理乳量は200倍になっている．

(2) ニュージーランド

原料乳製品の供給国として日本市場に大きなシェアをもつが，12乳業メーカーが4～5社に統合されつつある．その結果，世界で最大の粉乳工場といわれる Te Rapa（NZDG社）の工場では8,000t/dayの牛乳を集め，400t/dayの脱脂粉乳と650t/dayのクリームを製造している[4]．

(3) アメリカ

デイリー・ファーマーズ社のような巨大な企業の出現により，過去20年間で工場数は，飲用乳75％，チーズ50％，バター90％の減少となっている．その結果，生産能力は2～4倍に増加している．

(4) デンマーク

MDフーズとスウェーデンのアラー社が国を超えて合併し，年間710万t

の処理乳量をもつ巨大な乳業会社となった.

このように多くの国で集中化による処理乳量の増加を図り,生産コストの低減を目指している.したがって,日本の乳業メーカーも抜本的な変革により生産性の向上を図らなければならない.そのためには,工場の合理化による数の減少,従業員の合理的配置,自動化,機械化などによるさらなる製造コストの切下げが必要と思われる.

6.3 製品の安全性と保証システム

乳業界の課題として,品質の安全性,保証システムがクローズアップされている[5]. PL[*1] (Products Liability, 製造物責任) 法の施行, HACCP[*2] (Hazard Analysis Critical Control Point System, 危害分析・重要管理点方式) の導入, ISO[*3] (International Standard Organization, 国際標準化機構), コーデックス国際規格 (International Standard of Codex), さらにリサイクル法などの承認制度ができて,これに対応できないところは合理化の対象となる.これからは,ただ売ればいいという時代ではなくなる. 2000 年(平成12年6月27日)に発生した雪印乳業の低脂肪乳による中毒事件(患者数13,420人)は,まさにこのことを証明したものとして世間の注目を浴びた.同社のOBである著者にとっても大変残念なことであったが,食品の安全性について消費者の信頼を低下させ,社会に大きな影響を与えたことは否めない.この事件の経過は報道によって周知のことと思われるので省くが,技術的側面

---

*1 PL法:日本の製造物責任法は1995年7月1日に施行され,従来の過失責任から無過失責任へと移行した.世界的な消費者保護の潮流に沿って制定されたもので,企業は自らの製造物の欠陥を原因とする被害については,故意,過失の有無を問わず賠償の責任を負わなくてはならない.

*2 HACCP:1960年代,アメリカにおいて宇宙食の微生物的安全性確保のために考え出されたものである.食品の原材料の生産から最終製品の消費まで,生物学,化学,物理学などの面から危害を選定,評価し,これを計画的に制御する衛生管理・監視システムをいう.このシステムはリスクを皆無にはしないが,危害の発生頻度を最小限にするように考えられたものである.

*3 ISO:物資,サービスの国際交流の促進と効率化を目的として,1947年に設立された機関である.日本では日本工業標準調査会を窓口として1952年に加盟した.最近では,品質保証規格 ISO 9000 と環境関連規格 ISO 4001 の認証取得が注目されている.

について簡潔に述べる．

　発端は停電による貯乳タンク内濃縮乳の冷却不十分によるブドウ球菌（*Staphylococcus aureus*）の増殖である．この菌は殺菌により死滅するが，生成する毒素（エンテロトキシン）は100℃，30分の加熱にも耐えるといわれる．*S. aureus* は極めて広く分布し，主な起源は動物体であり，乳房炎の原因菌の一つであるから原料乳中に存在する可能性が高い．要は殺菌を完全にして，*S.aureus* を死滅させ，毒素の生成を許さないことであると考える．

　この事故の本質的原因は，技術，品質管理に対する過信，ならびに顧客指向，現場重視，危険管理などの意識の不徹底によるものと思われる．同社はこの事故を厳粛に受け止め，経営体制の刷新を図り，社会的信用・信頼の回復，品質保証の強化，優れた商品開発などを目標として再建に努力している．しかし，その前途にはかなり厳しいものがある．このような背景から，工場の衛生管理，製品の安全性の検査は今後ますます重要になる．このような事件が再び起きないよう，企業としては従業員に対する基本的な衛生管理技術に関する訓練を徹底して行う必要がある．

6.4　新製品開発

　20世紀後半に入り，日本人の牛乳，乳製品摂取量は飛躍的に増え，これと平行して数多くの新製品が開発されてきた．しかし，これからは新製品開発の勢いは衰えてくるように思われる．飲用乳は現在，量販店でお客を集める目玉商品であり，その価格は1l当たり138〜232円と約2倍に振れている．つまり，安売りセールにより需要低迷をカバーしようとしている．消費者は少しでも安い牛乳，乳製品を求めようとしているので，乳業界の命運は，いかに品質が良く，多少価格が高くても売れる新製品を造れるかにかかっている．日本は21世紀に入り，さらなる高齢化社会になる．人々はより健康で長生きしたいという欲望がある．したがって，これからは牛乳の栄養面ばかりでなく，微量成分の機能特性を生かした新製品開発が大事になるだろう．また，初乳の生理活性物質（免疫作用，静菌作用をもつラクトフェリンおよび抗高血圧作用など）の特性を生かしたより付加価値の高い新製品開発が必要に

なってくるものと思われる．

6.5 乳加工技術

世界的な潮流として，工場の集中化による生産性の向上が考えられている．一方，工場設備の老朽化により更新を図らなければならない所もある．その場合に，どのような設備と能力を持ち，レイアウトをどうすべきかは大いに検討を要する問題である．まず，食品の安全性からHACCPに対応し，サニタリー性のある設備と工程を前提とした設計が必要である．これと同時に，能力が大きくなると電気，熱を含めたトータルの省エネルギーの視点が大事である．規模が大きくなると自動制御機構が当然組み込まれることになるが，製造技術の基礎となる理論を知っておかなければならない．もし工程にトラブルが生じた場合，ブラックボックス化した自動制御工程では理論を知らないと収拾がつかないことになる．また，食品加工では経験とカンが大事といわれるが，乳製品製造でもテクスチャーと風味の判定には人間の経験とカンが大きな役割を果たしており，こういう技能も大切に伝承してゆかなければならないと考える．このような技能の伝承と訓練は今後もますます必要になるものと思われる．

6.6 おわりに

技術史をまとめるには，その歴史的発展の法則性を解明し，技術とは何かという問いに答えなければならない．乳業技術は生活の知恵として，腐敗しやすい牛乳を何とか日持ちさせ，食糧の不足した時に利用しようとの考えから始まったといえよう．それがチーズ，バター，粉乳などの製造技術である．チーズとバターはヨーロッパ，中近東の諸国で500〜1000年前から家内工業的に造られてきた．粉乳もかなり古くから造られたという記録はあるが，現在のものとはかなり違って品質の劣るものであったと考えられる．

日本での乳製品製造は，大正中期に加糖練乳，大正末期にバター，昭和初期に粉乳，チーズが手作業で始まったので，まだ70〜80年の歴史しかない．

これらの乳製品製造は，昭和35年頃まで手作業で回分式の少量生産であった．この時代には，それぞれの製品で技術の神様が存在し，人間の感覚と経験が製品品質に影響を与えた．つまり，製造技術の各ステップが定量化されていなかったので，個人レベルのカンと経験に頼らざるを得なかった考えられるのである．

　このような時代を経て，今日では自然科学の進歩と現場技術の向上とが相まって，メーカーでは木目の細かい製造標準が作られ，結果として新入社員でも一定品質の製品を造れるようになった．しかし，乳製品は長い間の伝統技術の積み上げにより優れたものとなるので，その技術には微妙なノウハウが存在する．すなわち，製品品質はそのメーカーの技術レベルを表現するものと言える．特にチーズの味の好みは，それぞれの国の古くからの食文化と密接に関係し，また個人の好みもあり，伝統技術の積み上げによりその製品品質が形成される．したがって，21世紀はITの時代といわれるが，乳製品には伝統的な核となる製造技術が必要であり，今後も大事に伝承することが必要であろう．

参 考 文 献

1) 農林水産省統計情報部：平成10年 牛乳乳製品統計．
2) 阿部貴世英：日本国勢図絵，国勢社（2000）
3) 日本国際酪農連盟：世界の酪農状況（1997-98）
4) Anchor Products Lichfield：Private communication, May（2000）
5) 乳業技術協会：乳業技術，**50**, 10月（2000）

あ と が き

　1949年より約40年間，乳業会社に勤務した著者にとって，この間の日本乳業の発展は目を見張るものであった．その中で，先輩，同僚，後輩の諸氏と切磋琢磨しながら乳加工技術の発展に努力してきたつもりである．そして，現場において色々な乳加工技術を経験してきた．本書はこの経験を基にまとめたものである．書き終わってみると，冗漫なところ，舌足らずのところ，独断や偏見と思われる箇所も散見するが，これは著者の能力不足によるものとご容赦願いたい．

　まだまだ書きたいことは沢山あったが，技術史であるので，技術の進歩と発展に焦点を当ててまとめ，その他の関連事項については散漫となることを恐れ割愛した．特に著者の専門とする食品工学をモチーフとして，乳加工技術の単位操作がいかに創られ，発展してきたかについて記述することに力を注いだ．「ローマは1日にしてならず」という言葉があるように，今日の乳加工技術は多くの先人達の血と汗の結晶である．この技術の発展と進歩について後世に伝え，今後の日本乳業の発展に少しでも役立つことを願うものである．

　本書の執筆にあたり，多くの文献や資料を参考にさせていただいた．ここに深く感謝申し上げる．特に東京農業大学図書館，雪印乳業技術研究所資料室より貴重な文献を借用し，引用させて頂いたことに厚くお礼申し上げる．

事 項 索 引

【ア】

ISO　200
アイスクリーム　40, 165
　——の生産量（世界）　40
　——の生産量（日本）　40
　——の製造工程　171
　——の定義　168
アイスクリーム工場　49
アイスクリームフリーザー　9, 55, 169
アイスミルク　176
アカディ　141
荒煮　61
荒煮釜　179
　間接加熱法　179
　直接加熱法　179
RO　85, 91, 188
アルファラバル社　64, 79, 140, 150
安房嶺岡牧場　8
アングロ・スイス練乳会社　176
アンハイドロ式噴霧乾燥機　110
アンモニア圧縮式冷凍機　74, 174

育児用粉乳　10, 184
池田式真空釜　97
ED　85, 92, 185
遺伝子組換えレンネット　160
井上釜　181
易溶化粉乳→インスタント粉乳
易溶性粉末クリーム　10
インスタンタイザー　188
インスタントスキムミルク　10, 115, 189
インスタント粉乳　188
インスタントミルク　46
インターロック機構　119
飲用乳→市乳

飲用乳　131
　——の加工技術　138
　——の生産量（世界）　21
　——の生産量（日本）　20
飲用乳工場　46, 54, 198
　——の生産性　49

ウエストファリア社　150
ウシペプシン　159

ARCSシステム　189
ALの添加　179
HACCP　200
HTST→高温短時間殺菌
NZDG社　112, 199
エバポレーター→蒸発缶
APV社　61
FA　119
MF　94
MMV法　88
MD型乾燥機　115
MVR　102
エメンタールチーズ　165
LL牛乳　125, 136
LL製品　123
LTLT→低温保持殺菌
遠心クリーム分離機　46
遠心分離　43, 75, 144
遠心分離機　12
円筒式乾燥機　103

押出し成型器→パッカー
オシドリ　115
オーバーラン　168
オーバーランテスター　174

【カ】

回転式チャーン　145
回分式　2, 45
回分式フリーザー　169
撹拌式チャーン　145
カゼイン　10, 39, 193
　——の生産量（日本）　39
　——の輸出入量（世界）　39
可塑製品用原料　193
褐色瓶　135
活素（カツモト）　192
カード　142, 155
加糖粉乳　9, 30, 177, 179, 184
カード張力　69
カードナイフ　156
加熱　43
カマンベールチーズ　155, 161, 165
上山煉乳販売組合　183
紙容器　12, 46, 122
ガラス牛乳瓶→牛乳瓶
カルシウム添加牛乳　136
カルピス　9, 192
管状熱殺菌機　135
管状冷却器　72, 135, 139
間接加熱法（UHT）　64
間接冷却式フリーザー　72, 169
乾燥　43, 103
缶詰牛乳　135, 140

ギー　144
機械回分式チャーン　145
機械撹拌式チーズバット　157
機械化時代　45, 116
機械搾乳　46
機械式冷凍法　70
機械的圧縮機　100
機械的遠心分離法　75, 78
希釈法　76
キノミール　9, 115
キモシン　159
逆浸透→RO
牛脂様フレーバー　110

急速凍結装置　75
牛乳　1
　——の消費量（世界）　22
　——の消費量（日本）　15, 22
　——の生産量（世界）　17
　——の生産量（日本）　3
　——の値段（日本）　15
　——の品質に与える熱処理の影響　59
　——の利用状況（世界）　24
牛乳紙容器→紙容器
牛乳脂肪試験法　12
牛乳成分　88
　——の分子径　88
　——の分子量　88
牛乳瓶　12, 46, 121, 135
牛乳容器　121
牛乳用自動販売機　12
牛馬会社　135
強制通風トンネル　72
強制通風冷却式冷蔵庫　74
凝乳化　43
凝乳酵素　159
極東練乳　9, 175
均質化　46, 67
均質化牛乳　69
均質機　12, 67

クラウゼ式噴霧乾燥機　107
グラス・ド・クレーム　166
クラリファイアー　84, 139
クリストファー・ハンセン研究所　161
クリーマリー→製酪所
クリーマリー・パッケージ社　175
クリーム　144
クリーム工場　49
クリーム脂肪率　83
クリーム分離機　55, 75
グレイ・イエンセン式噴霧乾燥機　109

ケストナー式噴霧乾燥機　109
ケフィール　191
ゲルベル試験　128

事 項 索 引

限外濾過→UF
原料牛乳組成　138
原料乳　19
　——の細菌数　72, 134, 136
　——の生産量（日本）　19
　——の値段　51
　——の品質　134

コイル型低温殺菌機　135
高温瞬間殺菌　59
高温短時間殺菌　59, 61, 133, 139
仔牛レンネット　159
酵素　43
酵素活性　59
高速アンモニア圧縮機　70
高速多気筒型アンモニア冷凍機　74
高速粉乳製造装置　10
貢蘇の儀　7
高塔式噴霧乾燥機　10, 112
高熱粉　183
高粘性液の微粒化　112
小型高能力噴霧乾燥機　10
固形物自動排出型分離機　84
ゴーダチーズ　163
固定化酵素　11, 141
コーティング剤　193
コーラス　9, 192
コンティマブ　150
コンバインドチャーン　144
コンピューター統合生産方式　121

【サ】

再製品→AL
細線加熱法　11, 118
サイロタンク　138
殺菌　58
殺菌機（器）　55
殺菌技術　139
サニタリー缶　126
サーモバブ　64, 140
サンデー　167

CIP　91, 117

Jet式真空釜　97
ジェームズ・ドール社　126
ジェラート　166
シーケンス制御　119
志太練乳　183
シーディング　182
自動化時代　45, 116
自動制御　116
自動制御システム　2, 45
市乳　19, 132
脂肪球径　67, 82
シモン社　150
シャーベット　166
集中制御方式　119
充填機　55
重力分離　76, 144
手動回式チャーン　145
手動機械の時代　45, 116
蒸気再圧縮機　102
蒸発缶　95
真空釜　9, 95, 96, 177, 179, 181
人工授精　46
深漬法　76, 144
振とう式チャーン　145

スイスチーズ　155
出納牧場（札幌）　27
スクリューコンベヤー式（噴霧乾燥機）
　111
スクリュー式冷凍機　75
ステンレス鋼　127
ストークスの式　82

生菌数　58
清浄化技術　138
清浄化装置→クラリファイアー
製造物責任法→PL法
生乳→原料乳
生乳生産量（日本）　4
精密濾過→MF
製酪所　52, 78
浅缶法　76, 144
専業酪農家　5

209

210　　　　　　　　　　　事　項　索　引

センサー　118
全脂粉乳　9, 34, 184
　　——の生産量（世界）　37
潜熱　95

蘇　7, 143
総括伝熱係数　99
総セジメント　84
ソフトアイスクリーム　175
ソフトカード　69
ソフトタイプヨーグルト　192

【タ】

醍醐　8
大日本製乳　9, 107, 183
多管式熱交換器　61
多重効用缶　102, 180
脱脂加糖練乳　34
脱脂乳　35, 76, 183
脱脂粉乳工場　51
　　——の生産量（世界）　38
打撹式チャーン　145
種付け（乳糖結晶の）→シーディング
ダノン社　192
WPNI　184
単位操作　43

チェダーチーズ　9, 155, 162, 165
チェリーバレル社　60, 150, 188, 175
チーズ　9, 27, 43, 118, 153
　　——の硬さの分類　160
　　——の国内生産量　27
　　——の需給表（日本）　29
　　——の消費量（世界）　30
　　——の生産量（世界）　30
チーズ工場　49, 54
チーズバット　55
チャーニング　144
中熱粉　183
中和剤　134
超高温殺菌　59, 64, 136, 140
調製粉乳　37, 186
直接加熱法（UHT）　64, 140

直接膨張式フリーザー　72, 74, 170, 174
貯乳技術　138

津田牛乳店　121
ツーパック　136

低オーバーラン　176
低温殺菌　46
低温殺菌乳　66
低温フリーザー　75
低温保持殺菌　59, 61, 139
低脂肪乳　23, 131
ディスク　78
定値洗浄→CIP
低熱粉　183
TVR　102
デイリー・ファーマーズ社　199
デスチャージデバイス方式（噴霧乾燥機）
　　111
ナチュラルチーズ　154
手造りの時代　44
手造り用チーズバット　156
テトラパック　126, 136
テトラパック社　66, 123, 141
テトラパック包装機　10
テトラレックス　136
デラバル社　79
電気式脂肪検定器　13
電気透析→ED
伝熱係数　61, 63

凍結バルクスターター　161
トラピスト修道院　9, 27
ドラム式乾燥機→円筒式乾燥機　9
ドリンクタイプヨーグルト　192
ドールシステム　123

【ナ】

ナチュラルチーズ　27, 159
　　——の製造量（国産）　29
　　——製造工程　157

日本コナミルク　182

事　項　索　引　　　　　　　　　　211

日本製乳　183
日本テトラパック社　127
ニューウェイ社　150
乳化　67
乳加工機械　55
乳牛頭数（日本）　4
乳業工場の生産性　51, 198
　　アメリカの――　52
　　世界の――　51
乳酸菌　153, 190
乳酸連鎖球菌　190
乳児死亡率　184
乳生産量（全動物）　17
乳製品　1, 19
　　――の消費（日本）　15
　　――の値段（日本）　15
乳製品工場　46, 198
　　――の生産性　50
乳石　133
乳泥　133
乳糖　141
　　――の結晶径　182
　　――の粗大結晶　179
乳糖不耐症　21, 141
乳糖分解酵素　141
乳糖分解乳　131, 136
乳腐　8
乳餅式　105, 182
乳餅式加糖粉乳　183
乳哺　8
ニューヨーク練乳会社　176
ニロ社　116, 190

ネスレ練乳会社　176

濃縮　43, 46, 95
濃縮機　55, 95
農業用展着剤　193

【ハ】

白牛　8, 143
白牛酪　8, 143
バクテリオファージ　161

バクトフュージ　84
薄膜下降式機械圧縮機付多重効用缶
　　103
薄膜下降式3重効用缶　10, 100
薄膜下降式熱圧縮機付多重効用缶　102
薄膜上昇式2重効用缶　10, 99
薄膜上昇式熱圧縮機付2重効用蒸発缶
　　102
ハーゲンダッツ社　168, 176
橋本式真空釜　97
パスツラツザー　60
パスツーリゼーション　59
バター　9, 24, 43, 142
　　――の消費量（日本）　24
　　――の生産量（世界）　26
　　――の生産量（日本）　24
　　――の値段　144
バターオイル　144
バター工場　48, 52
バター製造機　55
バター製造装置　144
バターチャーン→バター製造機
パッカー　152
発酵　43
発酵凝固乳　190
発酵乳　190
　　――の生産量　191
発生蒸気機械式再圧縮→MVR
発生蒸気熱式再圧縮→TVR
ハードタイプヨーグルト　191, 192
バブコック試験　46, 127
バーフリーザー　175
バブロバック型円筒式乾燥機　105, 183
バブロバック型水平並流噴霧乾燥機
　　110
パラライザー　64, 140
バルククーラー　72, 136, 139
バルクタンク　46

PL法　200
BOD　85
微生物　58
微生物レンネット　160

事項索引

ビタミン入りホモ牛乳　135
泌乳量（日本）　5
ピメントチーズ　10, 162
ピュアパック　122, 126, 136
氷菓　176
氷結晶　169, 171
標準化　117, 180
表面冷却器　72, 135, 139

VTIS　64, 140
風月堂　175
不足払い制度　197
プラスチッククリーム　84
ブライン式フリーザー　74, 174
プラスチック牛乳容器　13, 122
フリージング　169
ブリックチーズ　9, 162
ブリックパック　127
フリッツ社　150
ブルガリア桿菌　190
プルゲン　192
ブルーチーズ　154
フレキシブル包装　126
プレート式エバポレーター　10
プレート式熱交換器　10, 61, 135
プレート冷却器　72, 139
不連続工程　119
プレーンタイプヨーグルト　193
プレーンヨーグルト　192
フローズンタイプヨーグルト　193, 192
プロセスチーズ　12, 27, 155
プロセスチーズ製造　46
プロテアーゼ　159
ブローノックス社　105, 110, 188
分散型制御方式　119
粉乳　34, 182
　──の生産量（世界）　37
　──の生産量（日本）　35
粉乳工場　48, 51, 54
粉末状乳酸菌スターター　161
噴霧乾燥　46, 12, 182
噴霧乾燥機　51, 105

ベーダ（Veda）　142
砲金製真空釜　97
ホエー　38, 87, 154
　──の生産量（世界）　38
　──の組成　187
　──の脱塩　93
ホエー粉　38, 186
北辰社　121, 144
保健酸乳飲料　10
北海道開拓使勧業試験所　9, 178
北海道興農公社　192
北海道製酪販売組合連合会→酪連

【マ】

膜分離　84
膜分離技術　11
膜面積　88
マジョニア社　174
マーチン無菌缶詰方式→無菌缶詰方式
マントン・ゴーリン社　68

ミネラル牛乳　135
未変性たん白態窒素係数→WPNI
ミルカー　10
ミルクタンカー　12

無菌缶詰方式　65, 66, 140
無菌充填　65, 123, 140
無菌包装システム　126
無糖練乳　9, 33, 177

メルシン社　150
メーレル・スール式噴霧乾燥機　9, 107
メーレル・スール社　105, 183

木製飛行機　194
木工用接着剤　193
モナカアイスクリーム　175
森永製菓　183
森永製菓会社　105
森永ヒ素ミルク中毒事件　134

事項索引

【ヤ】

ヤクルト　10

UHT→超高温殺菌
UF　85, 87, 185, 187
雪印乳業　188
ユーペリゼーション　64, 140

ヨーグルト　190

【ラ】

酪　8
ラクトアイス　176
酪農家戸数（日本）　4
ラクミン　192
酪連　9, 80, 144, 156, 175, 193
ランシッド　143

陸軍糧秣所　107
リパーゼ　94
粒状カード法　194
流動層内蔵3段式噴霧乾燥機　112

冷却　43, 70
冷却機（器）　55
冷蔵　46
冷凍　43, 70
冷凍機　70

レイノルズ数　63
連続硬化トンネル　176
連続式　2, 45
連続式アイスクリームフリーザー　46
連続式クリーム分離機　78
連続式・自動化時代　45
連続式バター製造機　10, 13, 48, 53
連続式フリーザー　170, 175
　撹拌方式——　150
　分離方式——　149
練乳　30, 176
　——の経時濃厚化　180
　——の生産量（世界）　34
　——の生産量（日本）　30
練乳工場　48
レンネット　12, 154, 159
　——による凝固法（カゼイン）　194

濾過技術　138
ロックフォールチーズ　154
ロールチャーン　148
ロールレスチャーン　149
ローレンス冷却器　73

【ワ】

鷲印練乳　178
ワンパス造粒方式　190

人 名 索 引

【ア】

アペール（Nicolas Appert） 126, 177
アレル（Marie Harel） 161

池田庸夫 181
井上謙造 181

梅津勇太郎 115

エッケンベルグ（Martin Ekenberg） 105

オーラ・イエンセン（Orla-Jensen） 161

【カ】

カトリーヌ・ド・メディチ 173
カラッソ，ダニエル 192
河井茂樹 103

クラウゼ（G. A. Krause） 107
クラフト（J. L. Kraft） 12, 155, 161
グリムウェド（Grimwade） 177, 182
グリムドロッド（Grimdrod） 64, 140
グレイ・イエンセン（Grey Jensen） 109

ケストナー（Kestner） 109
ケプロン 178
ゲルベル（Nicolas Gerber） 12, 128

ゴーリン（August Gaulin） 12, 67, 174

【サ】

佐藤貢 79, 175

シマラ，マルク・アントニウス 173
ジャスト・ハットメーカー（Just-Hatmaker） 105
ジョンソン（Nancy Johnson） 174
代田稔 10, 192

スタウフ（Robert Stauff） 12, 105
ストーシュ（Storch） 78
ストラウス（Strauss） 92
スリーパー（Sleeper） 105
スリラヤン（Sourirajan） 91

セリグマン（Seligman） 61
善那 7

ソックスレー（Soxhlet） 59, 132, 135
ソロモン（Solomon） 11, 142
ソロン（Solon） 142

【タ】

ダン，エドウィン 162, 178

津野慶太郎 132

デラバル（Gustaf DeLaval） 12, 75

徳川家斉 143
徳川吉宗 8, 143

【ハ】

ハウザー 191
パーキン（Jacob Perkins） 70

人名索引

パーシー (Samuel Percy)　105, 182
パスツール (Louis Pasteur)　12, 59, 135
花島兵右衛門　9, 96, 181
バブコック (S. M. Babcock)　12, 127
ハンセン (Christopher Hansen)　12, 160

ピーブル (D. Peeble)　188
ヒポクラテス (Hippocrates)　142

フォン・ヴェトルス・ハイム (Von Wehitorus Heim)　78
フックス (C. J. Fuchs)　78
フッセル (Jacob Fussel)　174
ブラウン　178
ブラック (J. Black)　95
プロコピオ・デ・コルテリ　173

ページ (Page)　176
ベルゲドルフ (Bergedorf)　62
ヘロドトス (Herodotus)　142

ボイル (David Boyle)　70, 174
ボーグ (Henrry Vogue)　175
ボーデン (Gail Borden)　95, 176, 181
ボール (Olin Ball)　126
ホワイトヘッド (Whitehead)　161

【マ】

マイエンベルグ (Meyenberg)　177

マイヤー (Meyer)　92
前田留吉　8, 9, 132
マーシャル (Marschall)　161
町田房蔵　168, 175
マーチン (Martin)　65
マルコ・ポーロ (Marco Polo)　182

ミカエル (Michaels)　87
三島海雲　9, 192
宮脇富　183

村上光保　175

メチニコフ (Metchnikoff)　190, 192

モルガン (Morgan)　85

【ラ】

ラウジング (Ruben Rausing)　126

リンデ (Carl Linde)　70, 174

レフェルト (Wilhelm Lefeldt)　12, 78

ロエブ (S. Loeb)　91

【ワ】

ワット (James Watt)　95

【著者略歴】
林　弘通（はやし・ひろみち）
　　1928 年　札幌市生まれ.
　　1949 年　北海道大学農林専門部農業機械科卒業.
　1949～88 年　雪印乳業㈱勤務 札幌研究所. 技術開発研究室, 基礎研究室などの長を歴任.
　　1961 年　農学博士（北海道大学）.
　1965～67 年　米国ミシガン州立大学農学部農業工学科研究員.
　1969～90 年　北海道大学, 千葉大学, 東京大学, 東京農業大学, 東北大学, 国立屏東科技大学
　　　　　　 （台湾）, 酪農大学などにおいて非常勤講師を歴任.
　1989～99 年　東京農業大学生物産業学部教授（食品工学）.
　　1999 年　東京農業大学客員教授, 現在に至る.

主な褒賞
　　1977 年　発明協会長賞.
　　1979 年　科学技術庁長官賞.
　　1990 年　国際乾燥会議功労賞.
　　1993 年　日本熱物学会功労賞.
　　1998 年　日本乳製品協会賞.

主な著書　『粉乳製造工学』『乳業技術綜典』『食品の物性』,『食品の熱物性』『食品物理学』『基
　　　　 礎食品工学』『乾燥食品の基礎と応用』『乳業工学』など.

20 世紀 乳加工技術史

2001 年 10 月 30 日　初版第 1 刷発行

　　　　　　　　　　　著　者　林　　弘　通
　　　　　　　　　　　発行者　桑　野　知　章
　　　　　　　　　発行所　株式会社　幸　書　房
　　　　　　　　　　　　　　　　さいわい
　　　　　　〒101-0051　東京都千代田区神田神保町 1-25
　　　　　　　　　　　　　　Phone　03(3292)3061
　　　　　　　　　　　　　　Fax　03(3292)3064
Printed in Japan Ⓒ　　　振 替 口 座　00110-6-51894 番

　　　　　　　　　　　　　　　　　　倉敷印刷㈱

本書を引用または転載する場合は必ず出所を明記して下さい.
万一, 乱丁, 落丁, 等がございましたらご連絡下さい. お取り替え致します.
URL　　　　　　　　　　E-mail
[http://www.saiwaishobo.co.jp]　[e-saiwai@msi.biglobe.ne.jp]

ISBN 4-7821-0193-7　C 3061